高等数学教学设计探究与实践

黄燕平　著

湘潭大学出版社
XIANGTAN UNIVERSITY PRESS

图书在版编目（CIP）数据

高等数学教学设计探究与实践 / 黄燕平著. -- 湘潭：湘潭大学出版社，2023.12
ISBN 978-7-5687-1326-9

Ⅰ. ①高… Ⅱ. ①黄… Ⅲ. ①高等数学—教学设计—研究 Ⅳ. ①O13

中国国家版本馆 CIP 数据核字（2023）第 254142 号

高等数学教学设计探究与实践

GAODENG SHUXUE JIAOXUE SHEJI TANJIU YU SHIJIAN

黄燕平 著

策划编辑：丁立松
责任编辑：丁立松
封面设计：清 清
出版发行：湘潭大学出版社
社　　址：湖南省湘潭大学工程训练大楼
电　　话：0731-58298960 0731-58298966（传真）
邮　　编：411105
网　　址：http://press.xtu.edu.cn/
印　　刷：长沙创峰印务有限公司
经　　销：湖南省新华书店
开　　本：710 mm×1000 mm 1/16
印　　张：14.25
字　　数：235 千字
版　　次：2023 年 12 月第 1 版
印　　次：2023 年 12 月第 1 次印刷
书　　号：ISBN 978-7-5687-1326-9
定　　价：58.00 元

Preface

前言

高等数学是理工科专业学生必修的一门基础课程，不同学科对学生掌握高等数学的要求和侧重点不尽相同，但每个学科都不可避免地要利用高等数学的理论和方法来阐释本学科的课程内容，这就需要学生系统学习高等数学课程的基础理论知识，掌握应用数学方法和理论解决实际问题的能力。高质量、高层次人才不仅需要具备传统意义上的逻辑思维能力，推理演算能力，更需要具备能够解决专业问题的能力。本书汇聚了作者长期教学的丰富经验，语言浅显易懂、内容由浅入深，围绕高等数学教学与应用设计案例，对函数与极限教学设计案例、导数与微分教学设计案例、微分中值定理与导数的应用教学设计案例、定积分及其应用教学设计案例、微分方程教学设计案例、向量代数与空间解析几何教学设计案例、多元函数微分法及其应用教学设计案例、重积分及其应用教学设计案例、曲线积分与曲面积分教学设计案例、无穷级数教学设计案例等内容进行了详细论述。本书可作为高等学校本科非数学专业的高等数学或微积分课程的教学参考资料，也可作为高等专科学校或职业技术学院同类课程的教学参考资料。

在本书的撰写过程中，笔者查阅了大量文献资料，吸收借鉴了相关研究成果，得到了同事亲朋的鼎力相助，在此深表谢意。尽管笔者在写作过程中力求完美，但不足之处在所难免，恳请各位专家、读者不吝赐教。

教材信息

高等数学	**“宇宙之大，粒子之微，火箭之速，化工之巧，地球之变，生物之谜，日用之繁，无处不用数学！”** **——华罗庚**
	使用教材：《高等数学》第八版 同济大学数学系编，高等教育出版社，2023.6 ● “十二五”普通高等教育本科国家级规划教材。 ● 2008 年度普通高等教育精品教材。 ● 1997 年，本书（第三版）获普通高等学校国家级教学成果一等奖。
	参考教材：《高等数学》 黄立宏 主编，北京大学出版社，2018.7 ● 普通高等学校“十三五”数字化建设规划教材。 ● 国家级精品课程教材。
	参考教材：《微积分》 李建平、曹定华主编，复旦大学出版社，2015.12 ● 普通高等学校“十二五”精品规划教材。 ● 第三届中国大学出版社图书奖优秀教材奖。

课程分析

一、课程的性质和作用

高等数学是理工类、经济类等专业的一门必修的基础课，可为学生学习专业课程和进一步获得数学知识奠定必要的数学基础。通过教学，一方面使学生掌握微积分、空间解析几何、常微分方程、无穷级数等基本知识，能熟练地运用计算方法处理一些实际问题；另一方面通过各个教学环节，培养学生的抽象概括能力、逻辑思维能力、运算能力、自学能力及综合运用所学知识分析与解决问题的能力。教学中以分析和运算方法的掌握为重点，并注重与各专业的实际应用结合起来，使学生具备专业要求的数学基础，培养学生应用数学知识解决实际问题的能力。

二、课程的总体设计

1. 高等数学课程在专业教学中的地位

高等数学——公共基础课，为学生后继课程学习做铺垫。

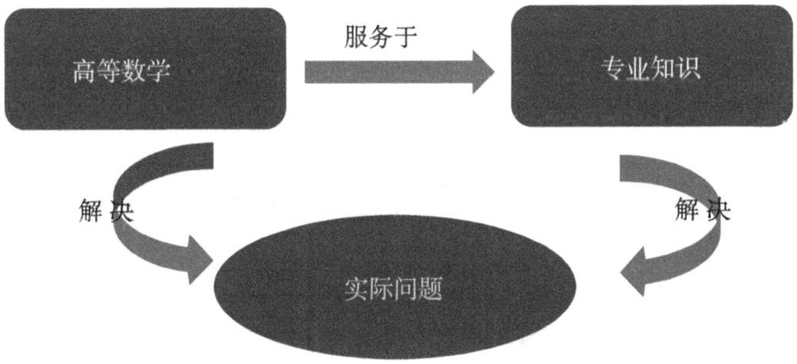

2. 高等数学课程在人才培养中的作用

为专业服务，为学生的职业发展打下良好的基础。

3. 高等数学课程的教学目标

（1）知识目标：掌握一元函数微积分、多元函数微积分、空间解析几何、常微分方程、无穷级数等基本知识。

（2）能力目标：通过高等数学的学习，培养学生抽象概括能力、逻辑思维能力、运算能力、自学能力及综合运用所学知识分析与解决问题的能力。

（3）情感目标：结合数学知识、背景，介绍古今中外数学家们的事迹和成就，激励同学们努力学习！特别是爱国数学家们为了祖国的建设，辛勤付出，更激发同学们的爱国热情，为了祖国的前途而奋斗！

4. 高等数学课程的教学内容

高等数学课程的教学内容主要有一元函数微积分、多元函数微积分、空间解析几何、常微分方程、无穷级数等知识。下面是根据平时的教学体会所做的知识结构图：

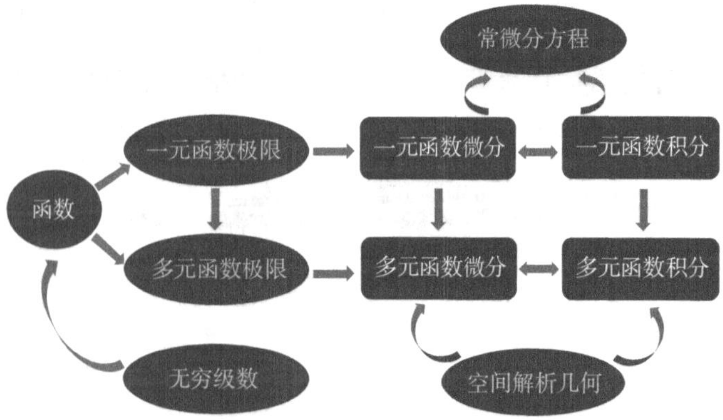

三、学情分析

学生进入大学，在大学一年级学习高等数学的内容时，会感觉到有不少内容学过，比如：导数定义、导数的几何意义、几种简单的基本初等函数的求导运算、简单的复合函数的求导运算、部分积分知识等。因此，有部分学生会认为教师在重复高中数学的内容，认为高等数学很简单，从而轻视它，花在这门课上的时间就很少，等到教师讲到高中没有学的知识时，这部分学生就有些不适应了，有的就跟不上教师的教学进度。因此，大学数学教师在一开始就要让学生清楚大学与高中所学数学知识的结构，理清已学和未学知识的关系，了解高等数学这门课程的重要性和难易之处，让学生一开始就重视这门课程，循序渐进。

多元函数微积分、曲线曲面积分、无穷级数、微分方程这些知识是安排在大一第二学期学习，高中阶段是完全没有接触的，这就应该在第一学期一元函数微积分的基础上进行了。因此，学生在第一学期要将一元函数微积分的基础打好，然后在此基础上进行多元函数微积分的学习。

四、教学平台与教学资源

高等数学课程的教学尝试了使用线上教学平台，超星泛雅线上平台——学习通，向学生发送学习资料、进行问题探讨、回答学生问题、统计回答问题情况、在线批改作业等。学生通过线上平台，了解了更多的教学信息、参考资料、学科前沿，同时，教师与学生、学生与学生之间的研讨更方便，提高了学生的学习效率。

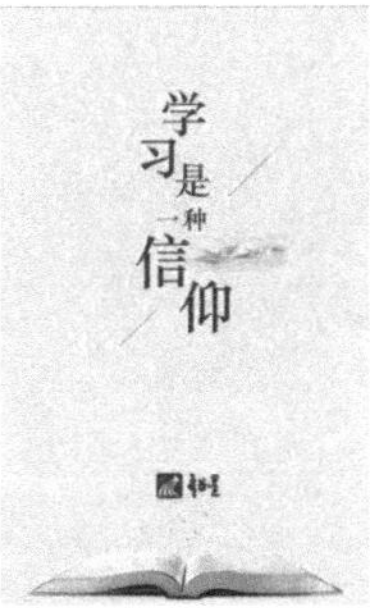

Contents

目录

第一章　函数与极限教学设计案例

第一节　“第二重要极限”教学设计

授课题目：第二重要极限

授课时数：45 min（1 学时）

教学课型：理论课

所属学科：数学

教　　材：同济大学数学系编，《高等数学》，高等教育出版社，2014 年 7 月

授课对象：非数学专业大学一年级本科生

一、内容分析

“第二重要极限”是第一章“函数与极限”的第六节中的内容，其中第二重要极限的形式、利用第二重要极限求其他相关极限和其他相关极限如何转化成第二重要极限、利用第二重要极限，分析和解决现实中的具体问题是本节的重点和难点。这部分内容是一元函数微积分的开端，极限的理论和计算是微积分的基础，第二重要极限解决了许多幂指函数的极限问题，它在极限计算中有着非常重要的地位。同时，它在经济学等许多学科中应用广泛，因此，学习第二重要极限是很有必要的。

二、学情分析

极限理论是微积分学习的基础，第二重要极限又是极限计算中的重要内容，在高中阶段学生学习了一些简单的极限计算，但是，第二重要极限是没有接触过的。很多幂指函数的极限都需要用第二重要极限来解决，现实生产生活中的许多问题又与第二重要极限有关，教师通过对这些实际问题的分

析，恰当地引入第二重要极限的知识，从而达到以科学的思维方式引导学生用数学知识解决实际问题的目的。

三、教学目标

［知识目标］1. 了解第二重要极限的推导过程；
2. 深刻理解第二重要极限的结构；
3. 掌握利用第二重要极限计算幂指函数极限的方法；
4. 了解现实生活中与第二重要极限相关的现实问题。

［能力目标］通过对第二重要极限问题的分析，培养学生运用形象思维和逻辑思维分析和解决问题的能力，提高学生运用数学方法解决实际问题的能力。

［情感目标］将第二重要极限问题和现实中的复利问题联系起来，让学生感受数学的直观性，领略数学的应用价值，提高学习高等数学的兴趣。

四、教学重点与难点

1. 教学重点

（1）掌握第二重要极限的形式；

（2）利用第二重要极限求其他相关极限。

2. 教学难点

（1）其他相关极限转化成第二重要极限的形式；

（2）利用第二重要极限，分析和解决现实中的具体问题。

五、教学方法

1. 综合运用讲授法、探究法、问题教学法激发学生学习兴趣。

2. 任务驱动式教学：以完成“任务”为线索，引导学生自主思考，从而寻得解决问题的方法。

3. 研讨式教学：将学生分成几个小组，各小组对教师的提问进行讨论，在教师的引导下，各小组再互相交流，从而得出最优的解决方案。

4. 启发式教学：启发学生分析问题，联系数学知识，解决实际问题。

六、教学手段

1. 多媒体辅助教学：借助多媒体信息技术，加入丰富的视频、动画，使数学教学更直观、更生动，从而激发学生学习数学的兴趣。

2. 信息化教学：借助信息化教学平台——学习通，向学生发送学习资料、进行问题探讨、回答学生问题、统计回答问题情况、在线批改作业等。

3. 实物演示教学：演示实物或自制的教学模型，帮助学生理解数学问题。

七、教学过程

教学环节	教师活动	学生活动	设计意图	时间
导入新课	情境引入 【研讨问题】复利问题 有一对夫妇，攒了 10 万元钱，年利率 6%，他们听说有一种复利的方式，分别按年、按月、按天计算，3 年到期的本利和越来越多，因此，他们做起了“亿万富翁”的美梦！  提出问题：他们能成为“亿万富翁”吗？	体会教师所介绍的素材，积极展开思考	激发学生探究实际问题，感受数学在现实中的应用	2 min
教学过程	【分析问题】复利问题 设一年计息 m 次，那么三年到期的本利和为： $$10\left(1+\frac{6\%}{m}\right)^{m\times 3}$$ 如果计息的次数趋向于无穷大，那么： $$\lim_{m\to\infty}10\left(1+\frac{6\%}{m}\right)^{3m}=?$$ 幂指函数的极限	学生在教师的引导、启发下探究问题，分组研讨	启发学生思考，自主探究	35 min

续表

教学环节	教师活动	学生活动	设计意图	时间
教学过程	第二重要极限的形式 $$\lim_{n\to\infty}\left(1+\frac{1}{n}\right)^{n}=e$$ $$\lim_{x\to\infty}\left(1+\frac{1}{x}\right)^{x}=e$$	分析、比较结果	通过归纳小结，理清思路，明确问题的本质	35 min
	第二重要极限的特点 （1）1^{∞} 型 （2）$\lim\limits_{\square\to 0}(1+\square)^{\frac{1}{\square}}$ ⇒无穷大 ⇓ 无穷小	归纳分析的结果，得出第二重要极限的特点	掌握第二重要极限的特点，并能够在幂指函数的极限计算中灵活运用	
	【解决问题】复利问题 三年到期的本利和 $$\lim_{m\to\infty}10\left(1+\frac{6\%}{m}\right)^{3m}=\lim_{m\to\infty}10\left[\left(1+\frac{6\%}{m}\right)^{\frac{m}{6\%}}\right]^{6\%\times 3}$$ $$=10e^{6\%\times 3}$$ $$\approx 11.972\ 17(万元)$$ 【结论】这对夫妇“亿万富翁”的美梦！ ——是不能实现的！	充分运用所学知识解决现实问题	培养学生自主探究能力与创新能力，提高学生分析现实问题的能力，将实际问题转化为数学问题，从而得出解决实际问题的方法	
课程思政	1683 年，瑞士数学家雅各·贝努利对此数列进行了研究； 1728 年，瑞士数学家欧拉首先用 e 表示这个极限： e=2.718 281 828 459 045 23…	学生在教师的引导、启发下追溯历史，感受数学家们探究真理的过程	通过数学历史、数学文化激励学生勇于探索，求取真知	2 min

续表

教学环节	教师活动	学生活动	设计意图	时间
小结	1. 情境引入 2. 第二重要极限的形式 3. 第二重要极限的计算 4. 复利问题	学生积极参与课堂小结	帮助学生梳理知识点，更好地理清思路，从而掌握本次课的重点和难点	2 min
思考题与作业	$\lim\limits_{x \to 0}\left(\dfrac{a^x+b^x+c^x}{3}\right)^{\frac{1}{x}}(a>0,\ b>0,\ c>0)$	巩固所学知识	检验课堂学习效果，培养学生自主学习和探究创新的能力	2 min
答疑讨论	教师答疑	学生补充笔记，师生互相讨论	对所学内容做进一步的思考，探讨知识点，让学生在课堂上更好地理解数学概念	2 min

八、参考资料

[1] 同济大学数学系．高等数学[M]．北京：高等教育出版社，2014：48-52.

[2] 黄立宏．高等数学[M]．北京：北京大学出版社，2018：44-46.

[3] 李建平，曹定华．微积分[M]．上海：复旦大学出版社，2015：46-49.

[4] 梁素梅．第二个重要极限在复利问题中的应用[J]．数学学习与研究，2017，3（6）：3.

[5] 潘花，仇海全，王颖．第二个重要极限在函数极限计算中的应用[J]．吉林工程技术师范学院学报，2016，9：94-96.

[6] 熊金泉，刘翌．第二个重要极限的“五步”计算法研究及应用[J]．南昌师范学院学报，2016，6(3)：1-3.

九、教学反思

下面从教学设计、教学方式、存在问题三个方面对这节课进行反思，并提出改进措施。

（一）教学设计反思

“第二重要极限”这节课以任务驱动式教学设计为主。

1. 创设情境：以复利问题为切入点，激发学生的学习兴趣。

2. 确定问题：在创设的情境下，提出：“这对夫妇能成为亿万富翁吗？”

3. 自主学习、协作学习：让学生自主探索，鼓励学生相互讨论，在讨论的过程中激发出解决问题的方案。

在教学设计方面，这节课做得比较好，整条教学主线清晰，学生容易掌握主要信息。

（二）教学方式反思

1. 研讨式教学：将学生分成几个小组，各小组进行讨论、交流，培养了学生主动学习的能力。

2. 启发式教学：启发式教学贯穿整个教学过程。比如：在讲到三年到期的本利和是一个幂指函数，当计息的次数趋向于无穷大时，这个极限应该怎样计算呢？学生在教师的启发和引导下，看到了需要解决的数学问题。

3. 信息化教学：借助信息化教学平台——学习通，向学生发送学习资料、进行问题探讨。

4. 多媒体演示教学：利用多媒体方式将数列所对应的点形象地展现出来，让学生清晰地看到了数列的趋向，从而快速地掌握了数列的极限值。

（三）存在问题反思

1. 理论水平不够高：对于复杂的第二重要极限的计算，挖掘得还不够。

2. 课前准备资料的发放不够：对于复利问题相关资料的收集还不够。

3. 研讨式教学的深度不够：对于复杂情况的复利问题没有涉及，研讨还需深入。

（四）改进措施

1. 加强数学理论的学习，多请教、多学习，达到知识点融会贯通。

2. 增加参考资料的数量，加强课前准备工作。

3. 建立研讨式教学的评价模式，促使学生真正参与到研讨式教学中。

通过这次课堂教学反思，在今后的教学中，要改进不足之处，争取更好的教学效果！

附：

教学内容

一、情境引入--2 min

1. 研讨问题——复利问题

【PPT 课件演示】

有一对夫妇，攒了 10 万元钱，他们听说有一种复利的方式，分别按年、按月、按天计算，年利率 6%，3 年到期的本利和越来越多，因此，他们做起了“亿万富翁”的美梦！

计息方式	1 年计息次数	利率	计算公式	3 到期本利和
按年	1	6%	$10(1+6\%)^3$	119 101.6（元）
按月	12	$\frac{6\%}{12}$	$10\left(1+\frac{6\%}{12}\right)^{12\times3}$	119 668.1（元）
按天	365	$\frac{6\%}{365}$	$10\left(1+\frac{6\%}{365}\right)^{365\times3}$	119 719.5（元）

2. 提出问题：他们能成为“亿万富翁”吗？

二、讲授新课--35 min

1. 分析问题——复利问题

【PPT 课件演示】

设一年计息 m 次，那么三年到期的本利和为：

$$10\left(1+\frac{6\%}{m}\right)^{m\times 3}$$

如果计息的次数趋向于无穷大，那么：

$$\lim_{m\to\infty}10\left(1+\frac{6\%}{m}\right)^{m\times 3}=? \qquad \text{幂指函数的极限}$$

2. 第二重要极限的形式

【PPT 课件演示】

当 $n\to\infty$ 时，数列 $\left\{\left(1+\frac{1}{n}\right)^n\right\}$ 的变化趋势

n	1	2	3	5	10	20	50	100
$\left\{\left(1+\frac{1}{n}\right)^n\right\}$	2	2.25	2.37	2.49	2.59	2.65	2.69	2.705
n	200	300	500	1 000	10 000	100 000	1 000 000	…
$\left\{\left(1+\frac{1}{n}\right)^n\right\}$	2.712	2.714	2.716	2.717	2.718 1	2.718 2	2.718 28	…

1683 年，瑞士数学家雅各布·伯努利对此数列进行了研究

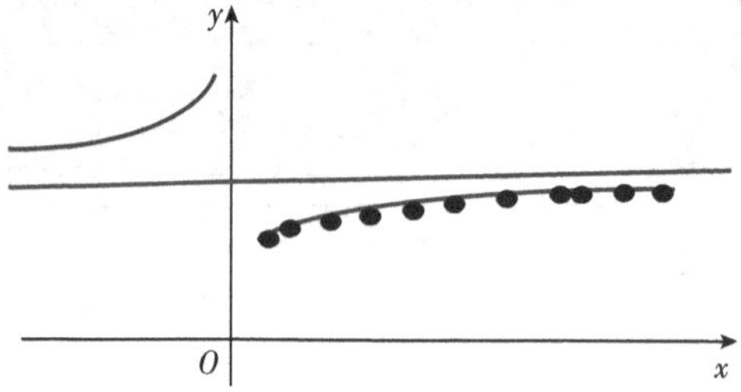

雅各布·伯努利（1654 年—1705 年）

准则Ⅱ：单调有界数列必有极限

1728 年，瑞士数学家莱昂哈德·欧拉首先用 e 表示这个极限。

e=2.718 281 828 459 045 23…，

$$\lim_{n\to\infty}\left(1+\frac{1}{n}\right)^n=\mathrm{e},\ \lim_{x\to\infty}\left(1+\frac{1}{x}\right)^x=\mathrm{e}.$$

莱昂哈德·欧拉（1707 年—1783 年）

3. 第二重要极限的特点

【PPT 课件演示】

$$\lim_{x\to\infty}\left(1+\frac{1}{x}\right)^{x}=\mathrm{e}\quad\Leftrightarrow\quad\lim_{x\to 0}(1+x)^{\frac{1}{x}}=\mathrm{e}$$

特点：（1）1^{∞} 型

（2）$\lim\limits_{\square\to 0}(1+\square)^{\frac{1}{\square}}$ ⇨ 无穷大

$(1+\square)$ 中的 $\square$ ⇩ 无穷小

4. 第二重要极限的计算

例1：求 $\lim\limits_{x\to\infty}\left(1+\dfrac{6}{x}\right)^{x}$ （1^{∞}型）

解：$\lim\limits_{x\to\infty}\left(1+\dfrac{6}{x}\right)^{x}=\lim\limits_{x\to\infty}\left[\left(1+\boxed{\dfrac{6}{x}}\right)^{\frac{x}{6}}\right]^{6}$　　$\boxed{\dfrac{6}{x}}\to 0$

$=\mathrm{e}^{6}$

例2：求 $\lim\limits_{x\to 0}(1+3x)^{\frac{1}{x}}$ （1^{∞}型）

解：$\lim\limits_{x\to 0}(1+3x)^{\frac{1}{x}}=\lim\limits_{x\to 0}\left[(1+3x)^{\frac{1}{3x}}\right]^{3}$　　$\boxed{3x}\to 0$

$=\mathrm{e}^{3}$

例3：求 $\lim\limits_{x\to\infty}\left(\dfrac{1+x}{x}\right)^{3x}$ （1^{∞}型）　　$\boxed{\dfrac{1+x}{x}}\to 1$

解：$\lim\limits_{x\to\infty}\left(\dfrac{1+x}{x}\right)^{3x}=\lim\limits_{x\to\infty}\left(1+\dfrac{1}{x}\right)^{3x}$　　$\boxed{\dfrac{1}{x}}\to 0$

$=\lim\limits_{x\to\infty}\left[\left(1+\boxed{\dfrac{1}{x}}\right)^{x}\right]^{3}$

$=\mathrm{e}^{3}$

5. 解决问题——复利问题

【PPT 课件演示】

三年到期的本利和为：

$$\lim_{m\to\infty}10\left(1+\frac{6\%}{m}\right)^{3m}=\lim_{m\to\infty}10\left[\left(1+\frac{6\%}{m}\right)^{\frac{m}{6\%}}\right]^{6\%\times 3}$$

$$=10e^{6\%\times 3}$$

$$\approx 11.972\ 17(\text{万元})$$

【结论】 这对夫妇由按年、按月、按天计算，3 年到期的本利和越来越多，做起的“亿万富翁”的美梦！

——是不能实现的！

三、课程思政--2 min

学生在教师的引导、启发下追溯历史，感受数学家们探究真理的过程。通过数学历史、数学文化激励学生勇于探索，求取真知！

四、课堂小结--2 min

1. 情境引入
2. 第二重要极限的形式
3. 第二重要极限的计算
4. 复利问题

五、课后思考与作业布置----------------------------------2 min

计算 $\lim_{x\to 0}\left(\frac{a^x+b^x+c^x}{3}\right)^{\frac{1}{x}}(a>0,\ b>0,\ c>0)$

六、学生补充笔记与讨论、教师答疑--------------------2 min

第二节　“函数的连续性”教学设计

授课题目：函数的连续性

授课时数：45 min（1 学时）

教学课型：理论课

所属学科：数学

教　　材：同济大学数学系编，《高等数学》，高等教育出版社，2014 年 7 月

授课对象：非数学专业大学一年级本科生

一、内容分析

“函数的连续性”是第一章“函数与极限”的第八节中的内容，其中函数在某一点连续的定义、左右连续的定义和如何根据函数图形判断某一点的连续性、针对图形区分左右连续是本节的重点和难点。这部分内容理论性、逻辑性很强，函数的连续性对于认识函数图形和了解函数的性质都有非常重要的作用，它是微积分学习的基础，因此，学习函数的连续性是很有必要的。

二、学情分析

学生在高中阶段学过一部分极限的计算，但是函数的连续性问题，高中阶段学生并没有系统地学习。而函数的连续性、闭区间上连续函数的性质对以后的学习是非常重要的，因此，函数的连续性和间断点问题是高等数学必须掌握的知识。

三、教学目标

［知识目标］1. 掌握函数在某一点连续的定义；

2. 深刻理解左、右连续的定义；

3. 掌握根据函数图形判断某一点的连续性的方法。

［能力目标］通过对函数连续性问题的分析，培养学生运用形象思维和逻辑思维分析和解决问题的能力。

[情感目标] 将连续性问题和现实中的植物的生长、河水的流动、气温的变化联系起来，让学生感受数学的直观性，提高学习高等数学的兴趣。

四、教学重点与难点

1. 教学重点

（1）函数在某一点连续的定义；

（2）左、右连续的定义。

2. 教学难点

（1）如何根据函数图形判断某一点的连续性；

（2）如何针对图形区分左、右连续。

五、教学方法

1. 综合运用讲授法、探究法、问题教学法激发学生学习兴趣。

2. 任务驱动式教学：以完成“任务”为线索，引导学生自主思考，从而寻得解决问题的方法。

3. 研讨式教学：将学生分成几个小组，各小组对教师的提问进行讨论，在教师的引导下，各小组再互相交流，从而得出最优的解决方案。

4. 启发式教学：启发学生分析问题，联系数学知识，解决实际问题。

六、教学手段

1. 多媒体辅助教学：借助多媒体信息技术，加入丰富的视频、动画，使数学教学更直观、更生动，从而激发学生学习数学的兴趣。

2. 信息化教学：借助信息化教学平台——学习通，向学生发送学习资料、进行问题探讨、回答学生问题、统计回答问题情况、在线批改作业等。

3. 实物演示教学：演示实物或自制的教学模型，帮助学生理解数学问题。

七、教学过程

教学环节	教师活动	学生活动	设计意图	时间
导入新课	情境引入 给出自然界中连续的现象  【提出问题】如何用数学语言描述函数的连续性？	体会教师所介绍的素材，积极展开思考，学生在教师的引导、启发下探究问题，分组研讨	激发学生探究实际问题，感受数学在现实中的应用	2 min
教学过程	函数在某一点连续的定义 **定义 1**　设函数 $y=f(x)$ 在点 x_0 的某一邻域内有定义，如果 $$\lim_{\Delta x\to 0}\Delta y=0$$ 那么就称函数 $y=f(x)$ 在点 x_0 连续 **定义 2**　设函数 $y=f(x)$ 在点 x_0 的某一邻域内有定义，如果 $$\lim_{x\to x_0}f(x)=f(x_0)$$ 那么就称函数 $y=f(x)$ 在点 x_0 连续 【要点】 （1）有定义：$f(x_0)$ 存在 （2）有极限：$\lim\limits_{x\to x_0}f(x)$ 存在 （3）相等：$\lim\limits_{x\to x_0}f(x)=f(x_0)$	学生在教师引导、启发下，探索得出函数在某一点连续的定义	让学生根据图形的特征，观察、分析、总结，把握连续性的本质	35 min

续表

<table>
<tr><th>教学环节</th><th>教师活动</th><th>学生活动</th><th>设计意图</th><th>时间</th></tr>
<tr><td rowspan="2">教学过程</td><td>

左连续

$$\lim_{x \to x_0^-} f(x) = f(x_0)$$

右连续

$$\lim_{x \to x_0^+} f(x) = f(x_0)$$

定理 函数 $y = f(x)$ 在点 x_0 连续 $\Leftrightarrow$ $y = f(x)$ 在点 x_0 既左连续又右连续

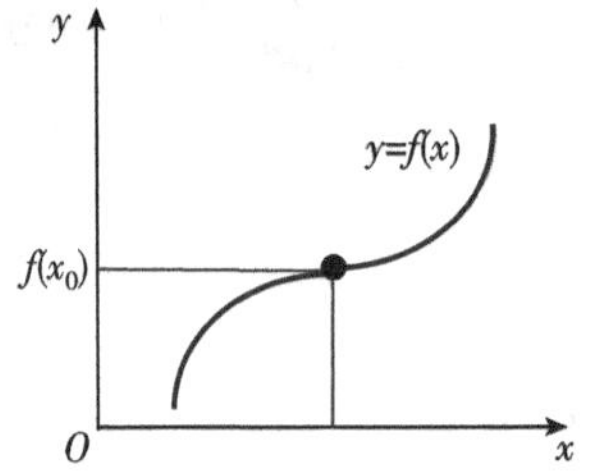

</td><td>学生在教师引导、启发下，继续探索得出函数在某一点左、右连续的定义</td><td>让学生根据图形的特征，观察、分析、总结，区别左、右连续和函数在某一点连续的关系</td><td rowspan="2">35 min</td></tr>
<tr><td>

函数在区间上的连续性

$(a,\ b)$ $[a,\ b)$ $(a,\ b]$ $[a,\ b]$

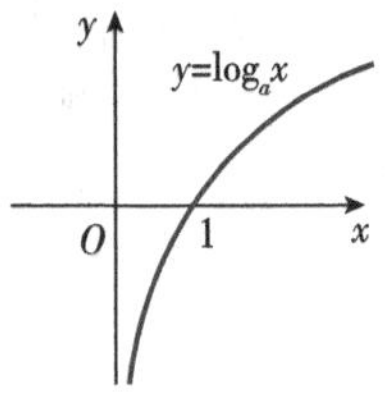

$a>1$

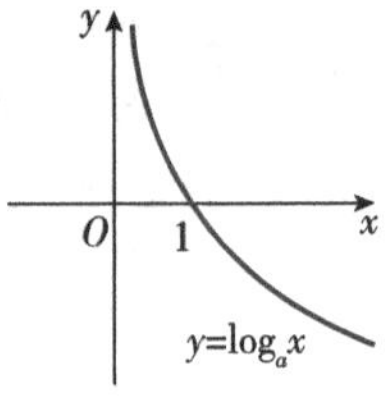

$0<a<1$

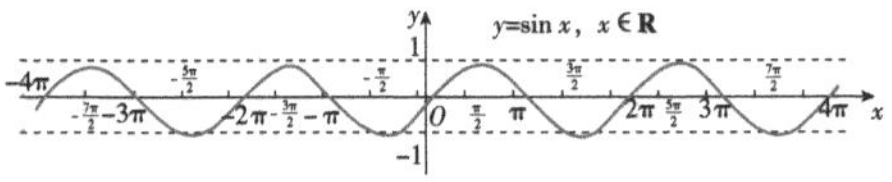

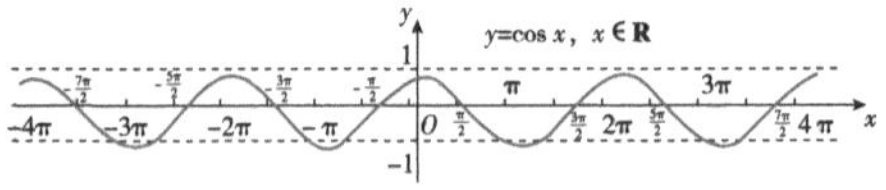

</td><td>学生继续探讨，函数除了在某一点连续，还可以在某个区间上连续吗？</td><td>激发学生探求未知的热情，鼓励学生自己找出研究结果</td></tr>
</table>

续表

教学环节	教师活动	学生活动	设计意图	时间
课程思政	中国著名数学家，中国科学院院士：华罗庚 他曾说道："聪明出于勤奋，天才在于积累！"	倾听数学家的事迹、成就，感受我国数学家在追求真理的过程中，对科学探索的坚持和毅力	用我国数学家的事迹和成就激励学生坚持学习数学知识，日积月累，持之以恒	2 min
小结	1. 情境引入 2. 某一点连续的定义 3. 左、右连续的定义 4. 函数在区间上连续性	学生积极参与课堂小结	帮助学生梳理知识点，更好地理清思路，从而掌握本次课的重点和难点	2 min
思考题与作业	以下这些曲线连续吗？ 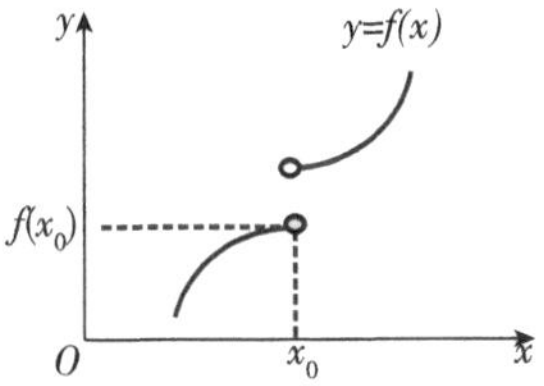 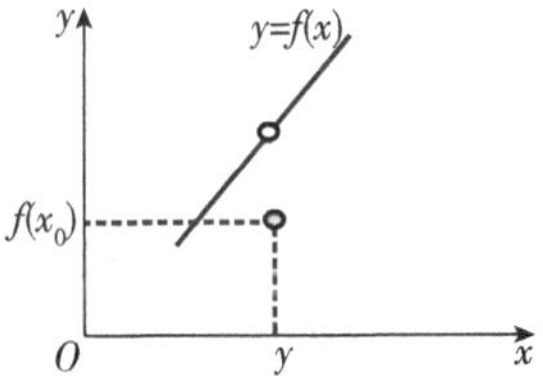	巩固所学知识	检验课堂学习效果，培养学生自主学习和探究创新的能力	2 min
答疑讨论	教师答疑	学生补充笔记，师生互相讨论	对所学内容做进一步的思考，探讨知识点，让学生在课堂上更好地理解数学概念	2 min

八、参考资料

[1] 同济大学数学系．高等数学[M]．北京：高等教育出版社，2014：56-61.

[2] 黄立宏．高等数学[M]．北京：北京大学出版社，2018：48-53.

[3] 李建平，曹定华．微积分[M]．上海：复旦大学出版社，2015：55-62.

[4] 张府柱，杜云，张文林．地方应用型本科院校高等数学教学改革研究——以函数的连续性为例［J］．数学学习与研究，2018，7（13）：13-14.

[5] 费时龙，占伟军．函数一致连续性的几个判别法及其应用［J］．重庆工商大学学报（自然科学版），2013，8：1-3.

[6] 何娟娟．“函数的连续性与间断性”“支架式”教学模式的应用研究[J]．数学学习与研究，2014，8（15）：25-26.

九、教学反思

下面从教学设计、教学方式、存在问题 3 个方面对这节课进行反思，并提出改进措施。

（一）教学设计反思

“函数的连续性”这节课以任务驱动式教学设计为主。

1. 创设情境：给出自然界中连续的现象，激发学生的学习兴趣。

2. 确定问题：在创设的情境下，提出：“如何用数学语言描述函数的连续性?”

3. 自主学习、协作学习：让学生自主探索，鼓励学生相互讨论，在讨论的过程中激发出解决问题的方案。

在教学设计方面，这节课做得比较好，整条教学主线清晰，学生容易掌握主要信息。

（二）教学方式反思

1. 研讨式教学：将学生分成几个小组，各小组进行讨论、交流，培养了学生主动学习的能力。

2. 启发式教学：启发式教学贯穿整个教学过程。比如：从对连续函数图像的观察，启发学生思考，当自变量的变化很微小时，函数值的变化也很微小。

3. 信息化教学：借助信息化教学平台——学习通，向学生发送学习资料、进行问题探讨。

4. 多媒体演示教学：利用多媒体方式将不连续函数的图像展现出来，让学生看到了不连续函数与连续函数图像的不同。

（三）存在问题反思

1. 连续现象的挖掘还不够。

2. 课前准备资料的发放不够。

3. 研讨式教学的深度不够：研讨还需针对多种函数图像进行展开。

（四）改进措施

1. 加强与其他学科的融合，了解更多的学科知识。

2. 增加参考资料的数量，加强课前准备工作。

3. 深入数学问题，加深研讨。

通过这次课堂教学反思，在今后的教学中，要改进不足之处，争取更好的教学效果！

附：

教学内容

一、情境引入--2 min

1. 给出自然界中连续的现象

【PPT 实物演示】

植物生长

河水流动

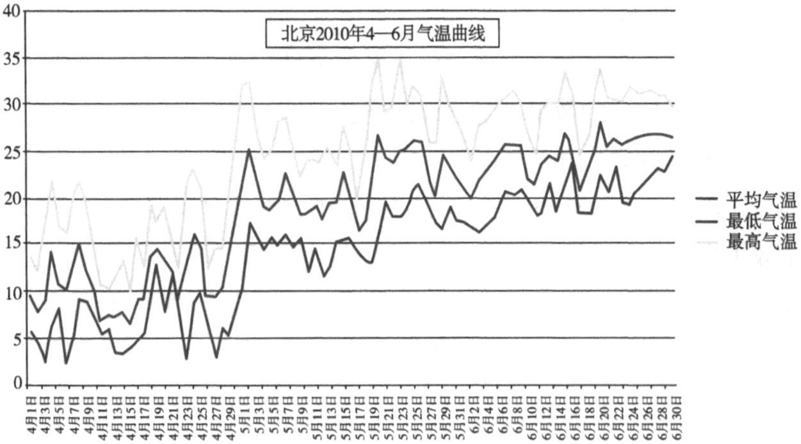

气温变化　函数曲线连绵不断

共同特点：连续变化，自变量的变化很微小，函数值的变化也很微小。

比如：时间变动很微小，气温变化也很微小。

2.【提出问题】如何用数学语言描述函数的连续性？

二、讲授新课--35 min

1. 函数在某一点连续的定义

【PPT 课件演示】

定义 1　设函数 $y=f(x)$ 在点 x_0 的某一邻域内有定义，如果

$$\lim_{\Delta x\to 0}\Delta y=0$$

那么就称函数 $y=f(x)$ 在点 x_0 连续。

定义 2　设函数 $y=f(x)$ 在点 x_0 的某一邻域内有定义，如果

$$\lim_{x\to x_0}f(x)=f(x_0)$$

那么就称函数 $y=f(x)$ 在点 x_0 连续。

【要点】

(1) 有定义：$f(x_0)$ 存在；

(2) 有极限：$\lim\limits_{x\to x_0}f(x)$ 存在；

(3) 相等：$\lim\limits_{x\to x_0}f(x)=f(x_0)$。

2. 左、右连续的定义

【PPT 课件演示】

左连续　设函数 $y=f(x)$ 在点 x_0 的某一邻域内有定义，如果

$$\lim_{x\to x_0^-}f(x)=f(x_0)$$

那么就称函数 $y=f(x)$ 在点 x_0 左连续。

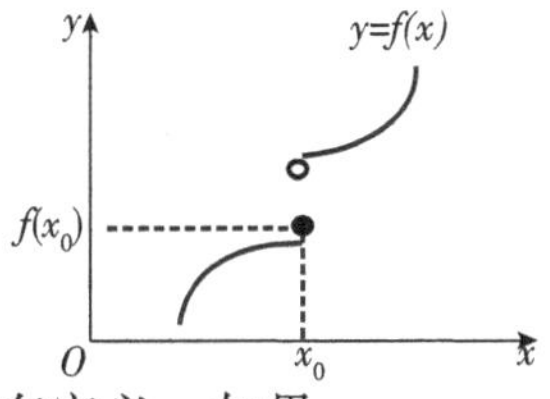

右连续　设函数 $y=f(x)$ 在点 x_0 的某一邻域内有定义，如果

$$\lim_{x\to x_0^+}f(x)=f(x_0)$$

那么就称函数 $y=f(x)$ 在点 x_0 右连续。

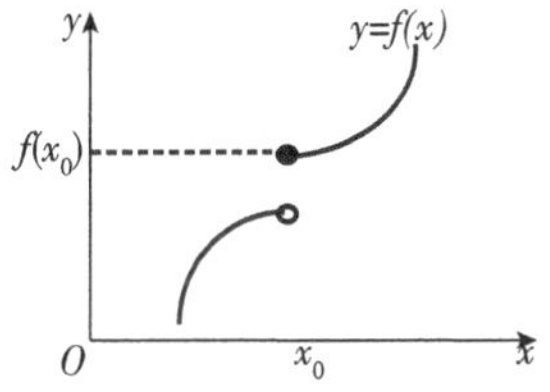

既左连续又右连续：

$$\lim_{x\to x_0^-}f(x)=\lim_{x\to x_0^+}f(x)=f(x)=f(x_0)$$

定理　函数 $y=f(x)$ 在点 x_0 连续 $\Leftrightarrow$ $y=f(x)$ 在点 x_0 既左连续又右连续

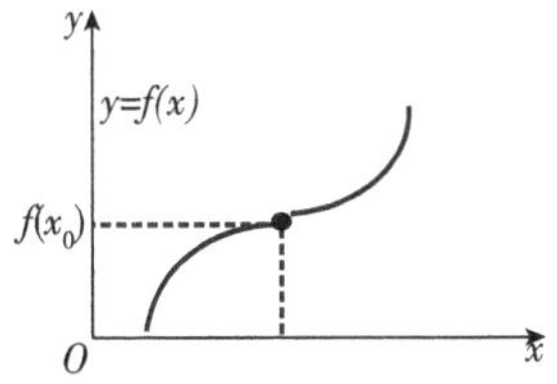

3. 函数在区间上的连续性

【PPT 课件演示】

(1) 若函数 $y=f(x)$ 在 (a, b) 内的每一点都连续

称：函数 $y=f(x)$ 在 (a, b) 上连续

(2) 若函数 $y=f(x)$ 在 (a, b) 内的每一点都连续，且在右端点左连续

称：函数 $y=f(x)$ 在 $(a, b]$ 上连续

(3) 若函数 $y=f(x)$ 在 (a, b) 内的每一点都连续，且在左端点右连续

称：函数 $y=f(x)$ 在 $[a, b)$ 上连续

(4) 若函数 $y=f(x)$ 在 (a, b) 内的每一点都连续，且在左端点右连续，右端点左连续

称：函数 $y=f(x)$ 在 $[a, b]$ 上连续

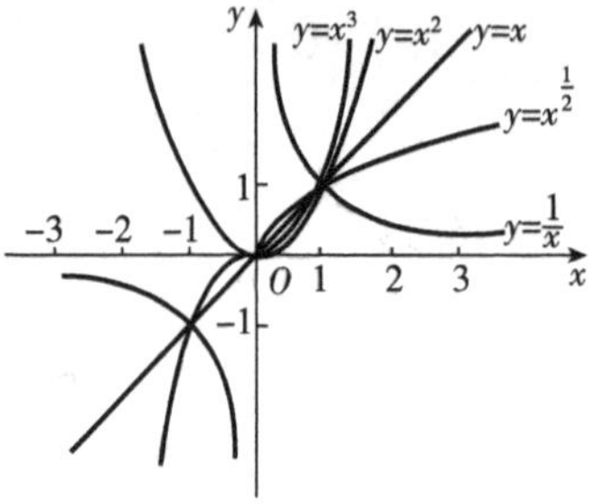

幂函数在其定义域上连续

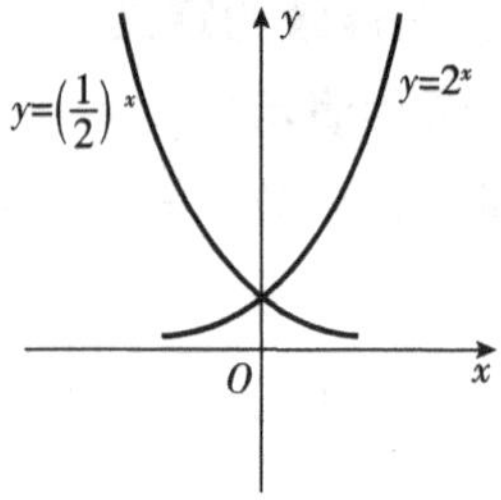

指数函数在其定义域上连续

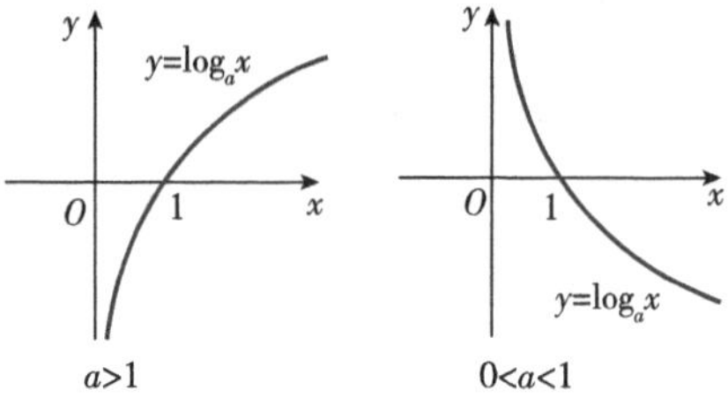

对数函数在其定义域上连续

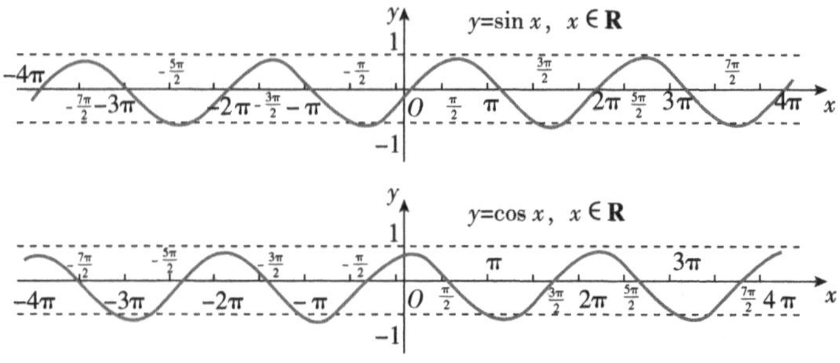

正弦、余弦函数在其定义域上连续

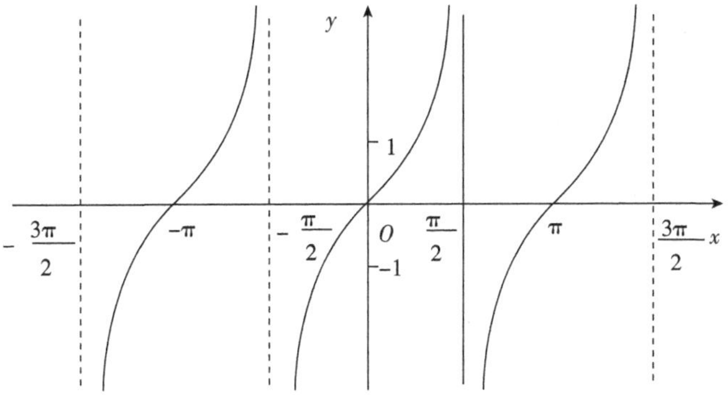

$y=\tan x$

正切函数在（$k\pi-\frac{\pi}{2}$，$k\pi+\frac{\pi}{2}$）上连续

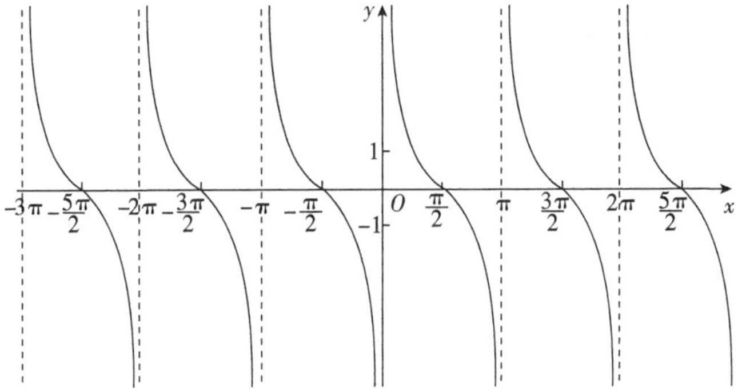

余切函数在（$k\pi$，$k\pi+\pi$）上连续

三、课堂小结--2 min

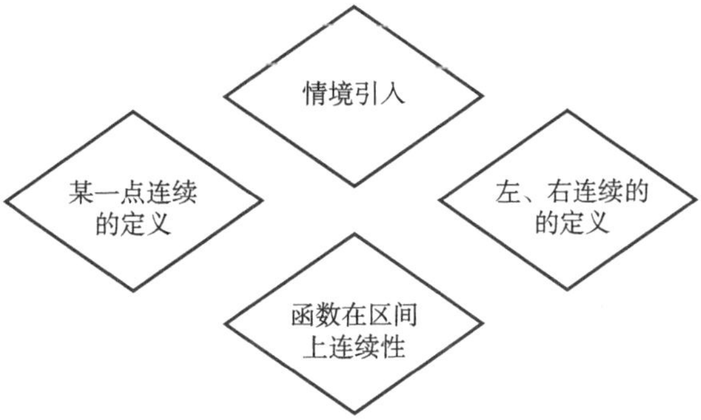

四、课后思考与作业布置------------------------------2 min

以下这些曲线连续吗？

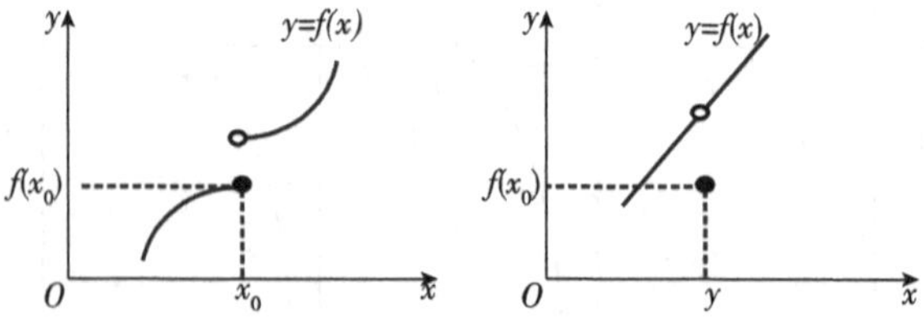

五、课程思政--2 min

中国著名数学家，中国科学院院士：华罗庚。

他曾说道：“聪明出于勤奋，天才在于积累！”

用我国数学家的事迹和成就激励学生坚持学习数学知识，日积月累，持之以恒！

六、学生补充笔记与讨论、教师答疑------------------2 min

第二章　导数与微分教学设计案例

第一节　“导数概念”教学设计

授课题目：导数概念

授课时数：45 min（1 学时）

教学课型：理论课

所属学科：数学

教　　材：同济大学数学系编，《高等数学》，高等教育出版社，2014 年 7 月

授课对象：非数学专业大学一年级本科生

一、内容分析

“导数概念”是第二章“导数与微分”的第一节中的内容，其中导数的定义、某一点导数的计算和通过对现实问题的分析，理解导数的定义是本节的重点和难点。曲线上点的切线问题、变速直线运动的瞬时速度问题，都是与导数的概念相关的实际问题，通过对这些问题的分析，引出导数的概念，并用导数解决更多的实际问题。

二、学情分析

高等数学课程的主要内容是微积分，学生在高中阶段已经学过一部分内容了，对于一元函数微分和导数的知识，学生并不陌生，这部分内容是一元函数微积分的开端，学生在高中阶段学习过。但是，导数的概念非常重要，是继续学习的基础，因此，在大学阶段要通过对更多实际问题的分析，更深层次地理解导数概念。

三、教学目标

[知识目标] 1. 理解导数的概念；
2. 理解导数的几何意义；
3. 会用导数描述一些物理量和几何量；
4. 会用导数的定义求函数的导数。

[能力目标] 通过对导数概念的分析，培养学生运用逻辑思维分析和解决问题的能力，并且，提高学生运用数学方法解决实际问题的能力。

[情感目标] 将导数概念和曲线上点的切线问题、变速直线运动的瞬时速度问题联系起来，让学生感受数学的直观性，领略数学的应用价值，提高学习高等数学的兴趣。

四、教学重点与难点

1. 教学重点

(1) 导数的定义；

(2) 某一点导数的计算。

2. 教学难点

通过对现实问题的分析，理解导数的定义。

五、教学方法

1. 综合运用讲授法、探究法、问题教学法激发学生学习兴趣。

2. 任务驱动式教学：以完成“任务”为线索，引导学生自主思考，从而寻得解决问题的方法。

3. 研讨式教学：将学生分成几个小组，各小组对教师的提问进行讨论，在教师的引导下，各小组再互相交流，从而得出最优的解决方案。

4. 启发式教学：启发学生分析问题，联系数学知识，解决实际问题。

六、教学手段

1. 多媒体辅助教学：借助多媒体信息技术，加入丰富的视频、动画，使数学教学更直观、更生动，从而激发学生学习数学的兴趣。

2. 信息化教学：借助信息化教学平台——学习通，向学生发送学习资料、进行问题探讨、回答学生问题、统计回答问题情况、在线批改作业等。

3. 实物演示教学：演示实物或自制的教学模型，帮助学生理解数学问题。

七、教学过程

教学环节	教师活动	学生活动	设计意图	时间
导入新课	情境引入 通过现实中的变速直线运动的瞬时速度问题和平面曲线的切线问题引入新课，在实际问题的研讨中自然地引入新课。 	体会教师所介绍的素材，积极展开思考	激发学生探究实际问题，感受数学在现实中的应用	2 min
教学过程	【研讨问题 1】变速直线运动的瞬时速度问题 （1）匀速直线运动 平均速度=瞬时速度 $\bar{v}=\frac{\Delta s}{\Delta t}=\frac{f(t)-f(t_0)}{t-t_0}$ （2）变速直线运动 平均速度≠瞬时速度 $\bar{v}=\frac{\Delta s}{\Delta t}=\frac{f(t)-f(t_0)}{t-t_0}$ $v=\lim\limits_{t\to t_0}\frac{f(t)-f(t_0)}{t-t_0}=\lim\limits_{t\to t_0}\frac{\Delta s}{\Delta t}$ 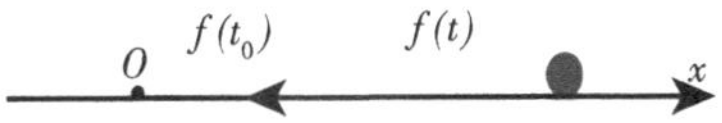	学生在教师的引导、启发下探究问题，分组研讨	启发学生思考，自主探究	35 min

续表

教学环节	教师活动	学生活动	设计意图	时间
教学过程	【研讨问题 2】平面曲线的切线问题 $k_{切线}=\lim\limits_{m_0\to m}k_{割线}$ $=\lim\limits_{x\to x_0}\dfrac{f(x)-f(x_0)}{x-x_0}$ $=\lim\limits_{\Delta x\to 0}\dfrac{\Delta y}{\Delta x}$ 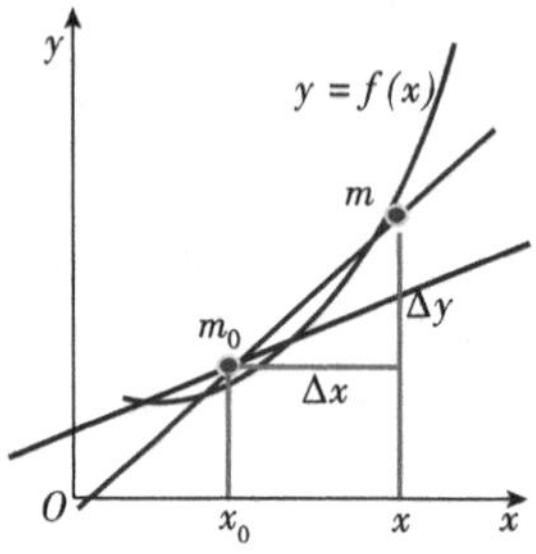	学生在教师的引导、启发下探究问题，分组研讨	启发学生思考，自主探究	35 min
	问题比较 $\lim\limits_{自变量的增量\to 0}\dfrac{函数值的增量}{自变量的增量}$	分析、比较结果	通过归纳小结，理清思路，明确问题的共同点	
	导数的定义 函数在点 x_0 处的导数： $f'(x_0)=\lim\limits_{\Delta x\to 0}\dfrac{\Delta y}{\Delta x}$ $=\lim\limits_{x\to x_0}\dfrac{f(x)-f(x_0)}{x-x_0}$ $=\lim\limits_{\Delta x\to 0}\dfrac{f(x_0+\Delta x)-f(x_0)}{\Delta x}$ 极限存在：函数在点 x_0 处可导 极限不存在：函数在点 x_0 处不可导	归纳分析的结果，得出导数定义	掌握导数的定义，理解导数定义的形式，并能够在以后的学习中灵活运用	

续表

教学环节	教师活动	学生活动	设计意图	时间
教学过程	【解决问题 1】变速直线运动的瞬时速度问题 瞬时速度：$v=\lim\limits_{t\to t_0}\dfrac{f(t)-f(t_0)}{t-t_0}$ $=\lim\limits_{\Delta t\to 0}\dfrac{\Delta s}{\Delta t}$ $=f'(t_0)$	充分运用所学知识解决现实问题	培养学生自主探究能力与创新能力，提高学生分析现实问题的能力，将实际问题转化为数学问题，从而得出解决实际问题的方法	35 min
	【解决问题 2】平面曲线的切线问题 切线的斜率：$k_{切线}=\lim\limits_{x\to x_0}\dfrac{f(x)-f(x_0)}{x-x_0}$ $=\lim\limits_{\Delta x\to 0}\dfrac{\Delta y}{\Delta x}$ $=f'(x_0)$ 切线的方程：$y-y_0=f'(x_0)(x-x_0)$	充分运用所学知识解决现实问题	培养学生自主探究能力与创新能力，提高学生分析现实问题的能力，将实际问题转化为数学问题，从而得出解决实际问题的方法	
小结	1. 情境引入 2. 导数的定义 3. 瞬时速度问题 4. 平面曲线的切线问题	学生积极参与课堂小结	帮助学生梳理知识点，更好地理清思路，从而掌握本次课的重点和难点	2 min
思考题与作业	设某工厂生产 x 件产品的成本为 $C(x)=2\,000+100x-0.1x^2$(元)，求： (1) 当生产 100 件产品时的边际成本； (2) 生产第 100 件产品的成本； 并与 (1) 中求得的边际成本作比较，说明边际成本的实际意义。	巩固所学知识	检验课堂学习效果，培养学生自主学习和探究创新的能力	2 min

续表

教学环节	教师活动	学生活动	设计意图	时间
课程思政	中国著名数学家，中国科学院院士：华罗庚 他曾说道："宇宙之大，粒子之微，火箭之速，化工之巧，地球之变，生物之谜，日用之繁，无处不用数学。"	倾听数学家的事迹、成就，感受我国数学家对数学学科的热爱和对数学学科在现实中应用的肯定	用我国数学家的事迹和成就激励学生认真学习数学知识，并能用数学知识解决更多的实际问题	2 min
答疑讨论	教师答疑	学生补充笔记，师生互相讨论	对所学内容做进一步的思考，探讨知识点，让学生在课堂上更好地理解数学概念	2 min

八、参考资料

[1] 同济大学数学系．高等数学[M]．北京：高等教育出版社，2014：73-84.

[2] 黄立宏．高等数学[M]．北京：北京大学出版社，2018：62-71.

[3] 李建平，曹定华．微积分[M]．上海：复旦大学出版社，2015：66-74.

[4] 吴嘉琳．基于概念图的导数变式教学实践研究[D]．湖南师范大学，2018：1-26.

[5] 张传涛．"导数的概念"（第 1 课时）教学设计[J]．中国数学教育，2019（5）：3-6.

[6] 陈伟．"APOS 理论"指导下导数概念教学[D]．合肥：合肥工业大学，2019，2：33.

九、教学反思

下面从教学设计、教学方式、存在问题 3 个方面对这节课进行反思，并提出改进措施。

（一）教学设计反思

"导数概念"这节课以任务驱动式教学设计为主。

1. 创设情境。通过变速直线运动的瞬时速度问题和平面曲线的切线问题引入，激发学生的学习兴趣。

2. 确定问题。在创设的情境下，得出两个问题（函数值的增量与自变量的增量之比，当自变量的增量趋向于零时的极限）的数学模型相同。

3. 自主学习、协作学习。让学生自主探索，鼓励学生相互讨论，在讨论的过程中激发出解决问题的方案。

在教学设计方面，这节课做得比较好，整条教学主线清晰，学生容易掌握主要信息。

（二）教学方式反思

1. 研讨式教学：将学生分成几个小组，各小组进行讨论、交流，培养了学生主动学习的能力。

2. 启发式教学：比如，在求平面曲线切线的斜率时，启发学生思考割线与切线的关系，从而得出切线是割线的极限位置，因此，切线的斜率是割线斜率的极限。

3. 信息化教学：借助信息化教学平台——学习通，向学生发送学习资料、进行问题探讨。

4. 多媒体演示教学：瞬时速度问题中时间趋向于零、平面曲线的切线问题中，割线的变化情况，都借助多媒体技术，形象生动地展现了出来。

（三）存在问题反思

1. 与导数定义相关的实际问题的挖掘还不够。

2. 课前准备资料的发放还不够。

3. 研讨式教学的深度不够：部分学生在研讨过程中找准了答案，但是还有不少学生是人云亦云，是否真的理解了问题的实质不得而知。

（四）改进措施

1. 加强与其他学科的融合，了解更多的学科知识。

2. 增加参考资料的数量，加强课前准备工作。

3. 建立研讨式教学的评价模式，促使学生真正参与到研讨式教学中。

通过这次课堂教学反思，在今后的教学中，要改进不足之处，争取更好的教学效果！

附：

教学内容

一、情境引入--2 min

通过现实中的变速直线运动的瞬时速度问题和平面曲线的切线问题引入新课，在实际问题的研讨中自然地引入新课。

二、讲授新课--35 min

1.【研讨问题 1】——变速直线运动的瞬时速度问题

（1）匀速直线运动

【PPT 课件演示】

平均速度 $\bar{v}=\dfrac{\Delta s}{\Delta t}=\dfrac{f(t)-f(t_0)}{t-t_0}$ = 瞬时速度

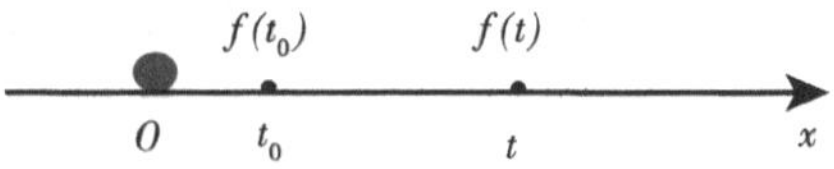

（2）变速直线运动

【PPT 课件演示】

平均速度 $\bar{v}=\dfrac{\Delta s}{\Delta t}=\dfrac{f(t)-f(t_0)}{t-t_0}\neq$ 瞬时速度

瞬时速度 $v=\lim\limits_{t\to t_0}\dfrac{f(t)-f(t_0)}{t-t_0}=\lim\limits_{t\to t_0}\dfrac{\Delta s}{\Delta t}$

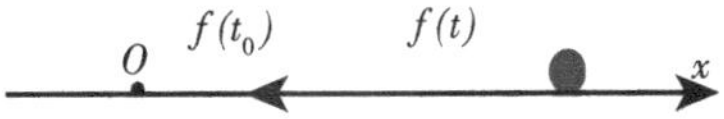

2. 【研讨问题 2】——平面曲线的切线问题

【PPT 课件演示】

已知切线上一点：求切线

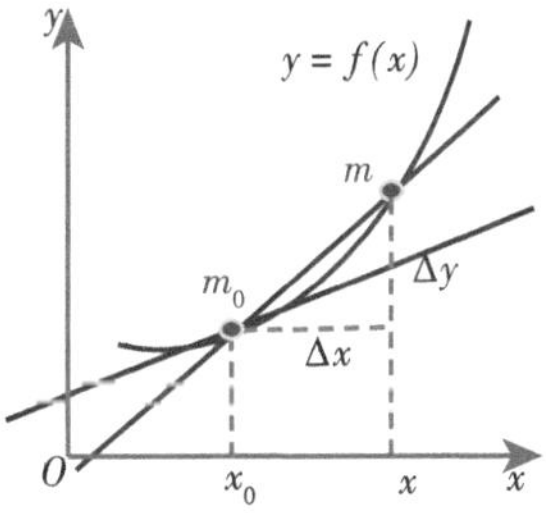

关键：切线的斜率

切线：割线的极限位置

先求：割线的斜率

$$k_{割线}=\frac{\Delta y}{\Delta x}=\frac{f(x)-f(x_0)}{x-x_0}$$

再求：切线的斜率

$$k_{切线}=\lim_{m_0\to m}k_{割线}$$
$$=\lim_{x\to x_0}\frac{f(x)-f(x_0)}{x-x_0}$$
$$=\lim_{\Delta x\to 0}\frac{\Delta y}{\Delta x}$$

3. 问题比较

瞬时速度：

$$v=\lim_{t\to t_0}\frac{f(t)-f(t_0)}{t-t_0}=\lim_{t\to t_0}\frac{\Delta s}{\Delta t}$$

切线的斜率

$$k_{切线}=\lim_{x\to x_0}\frac{f(x)-f(x_0)}{x-x_0}=\lim_{\Delta x\to 0}\frac{\Delta y}{\Delta x}$$

↘ ↙

$$\lim_{自变量的增量\to 0}\frac{函数值的增量}{自变量的增量}$$

4. 导数的定义

函数在点 x_0 处的导数：

$$f'(x_0)=\lim_{\Delta x\to 0}\frac{\Delta y}{\Delta x}=\lim_{x\to x_0}\frac{f(x)-f(x_0)}{x-x_0}=\lim_{\Delta x\to 0}\frac{f(x_0+\Delta x)-f(x_0)}{\Delta x}$$

极限存在：函数在点 x_0 处可导

极限不存在：函数在点 x_0 处不可导

瞬时速度：$v=\lim_{t\to t_0}\dfrac{f(t)-f(t_0)}{t-t_0}$

$$v=f'(t_0)$$

切线的斜率：$k_{切线}=\lim_{x\to x_0}\dfrac{f(x)-f(x_0)}{x-x_0}$

$$=\lim_{\Delta x\to 0}\frac{\Delta y}{\Delta x}$$

$$=f'(x_0)$$

切线的方程：$y-y_0=f'(x_0)(x-x_0)$

5. 解决问题——变速直线运动的瞬时速度问题

已知物体的运动规律为 $s=t^3m$，求这物体在 $t=2$ 时的速度。

解：$v(2)=f'(2)=\lim_{\Delta t\to 0}\dfrac{\Delta s}{\Delta t}=\lim_{t\to 2}\dfrac{f(t)-f(2)}{t-2}$

$$=\lim_{t\to 2}\frac{t^3-2^3}{t-2}=\lim_{t\to 2}\frac{(t-2)(t^2+2t+4)}{t-2}=\lim_{t\to 2}(t^2+2t+4)$$

$$=12$$

解决问题——平面曲线的切线问题

求曲线 $y=\cos x$ 上点 $\left(\frac{\pi}{3},\ \frac{1}{2}\right)$ 处的切线方程和法线方程。

$$解：k=f'\left(\frac{\pi}{3}\right)=\lim_{\Delta x\to 0}\frac{\Delta y}{\Delta x}=\lim_{\Delta x\to 0}\frac{f\left(\frac{\pi}{3}+\Delta x\right)-f\left(\frac{\pi}{3}\right)}{\Delta x}$$

$$=\lim_{\Delta x\to 0}\frac{\cos\left(\frac{\pi}{3}+\Delta x\right)-\cos\frac{\pi}{3}}{\Delta x}=\lim_{\Delta x\to 0}\frac{-2\sin\left(\frac{\pi}{3}+\frac{\Delta x}{2}\right)\sin\frac{\Delta x}{2}}{\Delta x}$$

$$=\lim_{\Delta x\to 0}\frac{-2\sin\frac{\pi}{3}\cdot\frac{\Delta x}{2}}{\Delta x}=-\frac{\sqrt{3}}{2}$$

切线的方程：$y-\frac{1}{2}=-\frac{\sqrt{3}}{2}\left(x-\frac{\pi}{3}\right)$

法线的方程：$y-\frac{1}{2}=\frac{2}{\sqrt{3}}\left(x-\frac{\pi}{3}\right)$

三、课堂小结--2 min

1. 情境引入
2. 导数的定义
3. 瞬时速度问题
4. 平面曲线的切线问题

四、课后思考与作业布置-----------------------------------2 min

1. 设某工厂生产 x 件产品的成本为 $C(x)=2000+100x-0.1x^2$(元) $C'(x)$ 为边际成本。

(1) 当生产 100 件产品时的边际成本；

(2) 生产第 100 件产品的成本，并与 (1) 中求得的边际成本作比较，说明边际成本的实际意义。

五、课程思政--2 min

中国著名数学家，中国科学院院士：华罗庚。

他曾说道："宇宙之大，粒子之微，火箭之速，化工之巧，地球之变，生物之谜，日用之繁，无处不用数学。"

用我国数学家的事迹和成就激励学生认真学习数学知识，并能用数学知识解决更多的实际问题！

六、学生补充笔记与讨论、教师答疑--------------------2 min

第二节　"函数的微分"教学设计

授课题目："函数的微分"

授课时数：45 min（1 学时）

教学课型：理论课

所属学科：数学

教　　材：同济大学数学系编，《高等数学》，高等教育出版社，2014 年 7 月

授课对象：非数学专业大学一年级本科生

一、内容分析

"函数的微分"是第二章"导数与微分"的第五节中的内容，其中函数微分定义的理解、函数微分的计算和微分在近似计算中的应用是本节的重点和难点。金属薄片受热面积改变问题和金属球镀铜问题，都是与微分的概念和计算相关的实际问题，通过对这些问题的分析，引出微分的概念，并用微分解决更多的实际问题。

二、学情分析

高等数学课程的主要内容是微积分，学生在高中阶段已经学过一部分内容了，对于一元函数导数的知识，学生并不陌生，而微分的概念高中阶段涉及很少，这部分内容是一元函数微积分的开端，微分的概念非常重要，是继续学习的基础，因此，在大学阶段要通过对更多实际问题的分析，更深层次地理解微分概念。

三、教学目标

[知识目标] 1. 理解函数微分的定义；

2. 掌握微分公式，会用微分公式求函数的微分；

3. 掌握微分在近似计算中的应用。

[能力目标] 通过对微分概念的分析，培养学生运用逻辑思维分析和解决问题的能力，并且，提高学生运用数学方法解决实际问题的能力。

[情感目标] 将微分的概念和现实问题联系起来，让学生感受数学的直观性，领略数学的应用价值，提高学习高等数学的兴趣。

四、教学重点与难点

1. 教学重点：函数微分定义的理解和函数微分的计算。

2. 教学难点：微分在近似计算中的应用。

五、教学方法

1. 综合运用讲授法、探究法、问题教学法激发学生学习兴趣。

2. 任务驱动式教学：以完成“任务”为线索，引导学生自主思考，从而寻得解决问题的方法。

3. 研讨式教学：将学生分成几个小组，各小组对教师的提问进行讨论，在教师的引导下，各小组再互相交流，从而得出最优的解决方案。

4. 启发式教学：启发学生分析问题，联系数学知识解决实际问题。

六、教学手段

1. 多媒体辅助教学：借助多媒体信息技术，加入丰富的视频、动画，使数学教学更直观、生动，从而激发学生学习数学的兴趣。

2. 信息化教学：借助信息化教学平台——学习通，向学生发送学习资料、进行问题探讨、回答学生问题、统计回答问题情况、在线批改作业等。

3. 实物演示教学：演示实物或自制的教学模型，帮助学生理解数学问题。

七、教学过程

教学环节	教师活动	学生活动	设计意图	时间
导入新课	情境引入 【提出问题】金属薄片面积改变问题 $\Delta S=(x_0+\Delta x)^2-x_0^2$ $\Delta S=2x_0\Delta x+(\Delta x)^2$ $2x_0\Delta x$——Δx 的线性函数 (Δx^2)——Δx 的高阶无穷小 $\Delta S\approx 2x_0\Delta x$（当 $\vert\Delta x\vert\to 0$ 时） 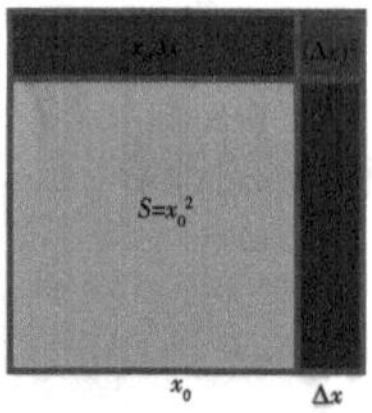	体会教师所介绍的素材，积极展开思考	激发学生探究实际问题，感受数学在现实中的应用	2 min
教学过程	**微分的定义** $\Delta y=A\Delta x+o(\Delta x)$ $\Delta y\approx A\Delta x$ $\Delta y\approx \mathrm{d}y=A\Delta x$（当 $\vert\Delta x\vert\to 0$ 时）	归纳分析的结果，得出可微和微分的定义	掌握微分的定义，理解微分的形式，并能够在以后的学习中灵活运用	35 min
	微分的计算 $\mathrm{d}y=f'(x_0)\Delta x$	观察微分计算的形式	让学生找到微分和导数之间的关系，并运用导数快速计算微分	
	微分在近似计算中的应用 $\Delta y\approx \mathrm{d}y=f'(x_0)\Delta x$ $\Delta y\approx f'(x_0)\Delta x$	分析可微的定义，得出近似计算公式	帮助学生根据概念得到近似计算公式，并能够解决实际问题	

续表

教学环节	教师活动	学生活动	设计意图	时间
教学过程	【研讨问题】金属球镀铜问题 有一批半径为 1 cm 的球，为了提高球面的光洁度，要镀上一层铜，厚度定为 0.01 cm。估计一下每只需要多少克铜？（铜的密度是 $\rho = 8.9\ \text{g/cm}^3$）  【方案】镀层体积×铜密度=铜质量 铜球体积 $V = \frac{4}{3}\pi R^3$ $V'\mid_{R=R_0} = \left(\frac{4}{3}\pi R^3\right)'\Big\|_{R=R_0} = 4\pi R_0^2$ 两铜球体积之差 $\Delta V \approx 4\pi R_0^2 \Delta R$　　（$R_0 = 1$，$\Delta R = 0$） $\Delta V \approx 4 \times 3.14 \times 1^2 \times 0.01 \approx 0.13(\text{cm}^3)$ 铜质量 $\Delta m \approx 0.13 \times 8.9 \approx 1.16(\text{g})$	学生在教师的引导、启发下探究问题，分组研讨	培养学生自主探究能力与创新能力，提高学生分析现实问题的能力，将实际问题转化为数学问题，从而得出解决实际问题的方法	35 min
小结	1. 情境引入 2. 微分的定义 3. 微分的计算 4. 微分在近似计算中的应用	学生积极参与课堂小结	帮助学生梳理知识点，更好地理清思路，从而掌握本次课的重点和难点	2 min
思考题与作业	已知单摆的振动周期 $T = 2\pi\sqrt{\frac{l}{g}}$，$g = 980\ \text{cm/s}^2$，$l$ 为摆长（单位为 cm），设原摆长为 20 cm，为使周期 T 增大 0.05 s，摆长约需加长多少？ 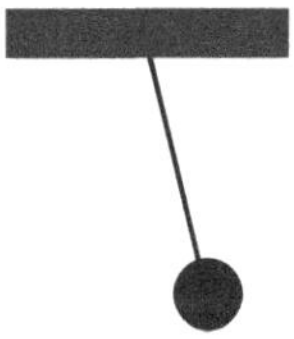	巩固所学知识	检验课堂学习效果，培养学生自主学习和探究创新的能力	2 min

续表

教学环节	教师活动	学生活动	设计意图	时间
课程思政	世界著名数学家、物理学家：牛顿。 他和莱布尼茨先后独立发现了微积分。 他曾说道："没有大胆的猜想，就做不出伟大的发现！"	倾听世界著名数学家、物理学家的事迹、成就，感受他们勇于探索、大胆创新的精神	用世界著名数学家、物理学家的事迹和成就激励学生勇于创新、敢于拼搏，让未知变已知，发现更多的奥秘	2 min
答疑讨论	教师答疑	学生补充笔记，师生互相讨论	对所学内容做进一步的思考，探讨知识点，让学生在课堂上更好地理解数学概念	2 min

八、参考资料

[1] 同济大学数学系．高等数学[M]．北京：高等教育出版社，2014：110-124

[2] 黄立宏．高等数学[M]．北京：北京大学出版社，2018：82-88.

[3] 李建平，曹定华．微积分[M]．上海：复旦大学出版社，2015：89-94.

[4] 霍龙龙．浅析微分在近似计算中的优势应用[J]．科技资讯，2019，9：224-225.

[5] 尹德玉，陈为华，代美丽．浅谈微分在近似计算中的应用[J]．科技信息，2014，11：159.

九、教学反思

下面从教学设计、教学方式、存在问题 3 个方面对这节课进行反思，并提出改进措施。

（一）教学设计反思

"函数的微分"这节课以任务驱动式教学设计为主。

1. 创设情境：通过金属薄片受热面积改变问题的引入，激发学生的学习兴趣。

2. 确定问题：在创设的情境下，分析金属薄片面积改变量的特征，引出微分的定义。

3. 自主学习、协作学习：让学生自主探索，鼓励学生相互讨论，在讨论的过程中激发出解决问题的方案。

在教学设计方面，这节课做得比较好，整条教学主线清晰，学生容易掌握主要信息。

（二）教学方式反思

1. 研讨式教学：将学生分成几个小组，各小组进行讨论、交流，培养了学生主动学习的能力。

2. 启发式教学：根据可微和微分的定义，启发学生思考，可否得出近似计算公式？

3. 信息化教学：借助信息化教学平台——学习通，向学生发送学习资料、进行问题探讨。

4. 多媒体演示教学：金属薄片面积的改变过程、面积的增量等，都利用多媒体技术展现了出来，使得学生很容易得出面积的增量。

（三）存在问题反思

1. 与可微定义相关的实际问题的挖掘还不够。

2. 课前准备资料的发放还不够。

3. 研讨式教学的深度不够：部分学生在研讨过程中找准了答案，但是还有不少学生是人云亦云，是否真的理解了问题的实质不得而知。

（四）改进措施

1. 加强与其他学科的融合，了解更多的学科知识。

2. 增加参考资料的数量，加强课前准备工作。

3. 建立研讨式教学的评价模式，促使学生真正参与到研讨式教学中。

通过这次课堂教学反思，在今后的教学中，要改进不足之处，争取更好的教学效果！

附：

教学内容

一、情境引入--2 min

提出问题——金属薄片面积改变问题

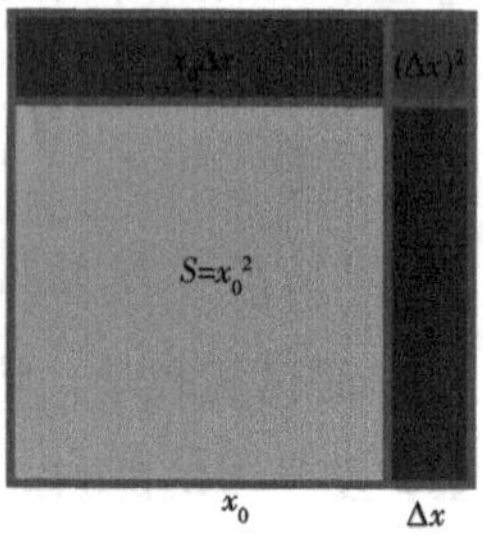

【PPT 课件演示】

$\Delta S=(x_0+\Delta x)^2-x_0^2$

$\Delta S=2x_0\Delta x+(\Delta x)^2$

$2x_0\Delta x$ —— Δx 的线性函数

(Δx^2) —— Δx 的高阶无穷小

$\Delta S\approx 2x_0\Delta x$　　（当 $|\Delta x|\to 0$ 时）

二、讲授新课--35 min

1. 微分的定义

【PPT 课件演示】

函数值的增量=自变量增量的线性函数+自变量增量的高阶无穷小

$\Delta y=A\Delta x+o(\Delta x)$　　（当 $|\Delta x|\to 0$ 时，A 是不依赖于 Δx 的常数）

$\Delta y\approx A\Delta x$

函数 $y=f(x)$ 在点 x_0 可微

$\Delta y=A\Delta x+o(\Delta x)$　　（$A\Delta x$ 是函数在点 x_0 的微分 $\mathrm{d}y$）

$\Delta y\approx \mathrm{d}y=A\Delta x$　　（当 $|\Delta x|\to 0$ 时）

2. 微分的计算

【PPT 课件演示】

$\Delta y\approx \mathrm{d}y=A\Delta x$　　$A=?$

（1）函数 $y=f(x)$ 在点 x_0 可微 ➡ 可导（当 $|\Delta x|\to 0$ 时）

证　因为函数 $y=f(x)$ 在点 x_0 可微

所以 $\Delta y=A\Delta x+o(\Delta x)$

所以 $\dfrac{\Delta y}{\Delta x}=A+\dfrac{o(\Delta x)}{\Delta x}$

$\lim\limits_{\Delta x \to 0} \dfrac{\Delta y}{\Delta x} = A + \lim\limits_{\Delta x \to 0} \dfrac{o(\Delta x)}{\Delta x}$ 等于 0

$A = \lim\limits_{\Delta x \to 0} \dfrac{\Delta y}{\Delta x} = f'(x_0)$

（2）函数 $y = f(x)$ 在点 x_0 可导 ➡ 可微（当 $|\Delta x| \to 0$ 时）

证　因为函数 $y = f(x)$ 在点 x_0 可导

所以 $\lim\limits_{\Delta x \to 0} \dfrac{\Delta y}{\Delta x} = f'(x_0)$

$\dfrac{\Delta y}{\Delta x} = f'(x_0) + \alpha$（其中 $\lim\limits_{\Delta x \to 0} \alpha = 0$）

$\Delta y = f'(x_0)\Delta x + \alpha\Delta x$

（$f(x_0)$ 是不依赖于 Δx 的常数，$\alpha\Delta x$ 是 Δx 的高阶无穷小）

结论：可微 ⟺ 可导

$dy = f'(x_0)\Delta x$

3. 微分在近似计算中的应用

【PPT 课件演示】

$\Delta y \approx dy = f'(x_0)\Delta x$

$\Delta y \approx f'(x_0)\Delta x$

4. 【研讨问题】金属球镀铜问题

【PPT 课件演示】

有一批半径为 1 cm 的球，为了提高球面的光洁度，要镀上一层铜，厚度定为 0.01 cm。估计一下每只需要多少克铜？（铜的密度是 $\rho = 8.9\ \text{g/cm}^3$）

解镀层体积×铜密度=铜质量

铜球体积

$$V = \frac{4}{3}\pi R^3$$

$$V'|_{R=R_0} = \left(\frac{4}{3}\pi R^3\right)'\Bigg|_{R=R_0} = 4\pi R_0^2$$

两铜球体积之差 $\Delta V \approx 4\pi R_0^2 \Delta R$　　（$R_0 = 1$，$\Delta R = 0$）

$$\Delta V \approx 4 \times 3.14 \times 1^2 \times 0.01$$

$$\approx 0.13\ (\text{cm}^3)$$

铜质量
$$\Delta m \approx 0.13 \times 8.9$$
$$\approx 1.16\ (\text{g})$$

三、课堂小结----------2 min

1. 情境引入；
2. 微分的定义；
3. 微分的计算；
4. 微分在近似计算中的应用。

四、课后思考与作业布置----------2 min

1. 已知单摆的振动周期 $T = 2\pi\sqrt{\dfrac{l}{g}}$，$g = 980\ \text{cm/s}^2$，$l$ 为摆长（单位为 cm），设原摆长为 20 cm，为使周期 T 增大 0.05 s，摆长约需加长多少？

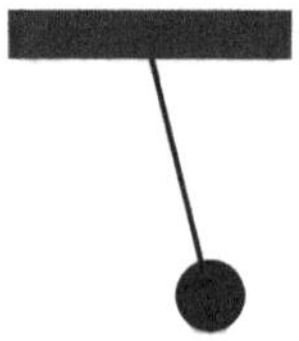

五、课程思政----------2 min

世界著名数学家、物理学家：牛顿。

他和莱布尼茨先后独立发现了微积分。

他曾说道："没有大胆的猜想，就做不出伟大的发现！"

用世界著名数学家、物理学家的事迹和成就激励学生勇于创新、敢于拼搏，让未知变已知，发现更多的奥秘！

六、学生补充笔记与讨论、教师答疑----------2 min

第三章　微分中值定理与导数的应用教学设计案例

第一节　“拉格朗日中值定理”教学设计

授课题目：拉格朗日中值定理

授课时数：45 min（1 学时）

教学课型：理论课

所属学科：数学

教　　材：同济大学数学系编，《高等数学》，高等教育出版社，2014 年 7 月

授课对象：非数学专业大学一年级本科生

一、内容分析

“拉格朗日中值定理”是第三章“微分中值定理与导数的应用”的第一节中的内容，其中罗尔中值定理及其几何意义、拉格朗日中值定理及其几何意义和罗尔中值定理的应用和推广、拉格朗日中值定理的应用和推广、罗尔中值定理和拉格朗日中值定理的区别与联系是本节的重点和难点。拉格朗日中值定理又称拉氏定理，是微分学中的基本定理之一，它反映了可导函数在闭区间上的整体平均变化率与区间内某点的局部变化率的关系。拉格朗日中值定理是罗尔中值定理的推广，同时也是柯西中值定理的特殊情形，是泰勒公式的弱形式（一阶展开）。

二、学情分析

微积分学是高等数学的重要组成部分，是近代数学的伟大成果之一。它为

我们研究函数和变量提供了重要的方法。微分中值定理是微分学的重要组成部分，在导数的应用中起着桥梁作用。拉格朗日中值定理，建立了函数值和导数之间的定量联系，成为我们讨论怎样由导数的已知性质推断函数所具有性质的有效工具。学生在高中阶段学习了一元函数的导数以及简单的应用，但是，微分中值定理是没有介绍的，拉格朗日中值定理也是没有接触的，由于它在高等数学中的地位，因此，学好拉格朗日中值定理是学好高等数学的必要环节。

三、教学目标

[知识目标] 1. 掌握罗尔中值定理及其几何意义；
2. 掌握拉格朗日中值定理及其几何意义；
3. 掌握罗尔中值定理的应用和推广；
4. 掌握拉格朗日中值定理的应用和推广；
5. 理解罗尔中值定理和拉格朗日中值定理的区别与联系。

[能力目标] 通过学习罗尔定理，类比学习理解拉格朗日定理，培养学生分析、抽象、概括和迁移的学习能力。

[情感目标] 在教学过程中，让学生发现数学知识的融会贯通，培养数形结合的思想，以及严密的思维方法，从而亲近数学，爱上数学。

四、教学重点与难点

1. 教学重点

（1）罗尔中值定理及其几何意义；

（2）拉格朗日中值定理及其几何意义。

2. 教学难点

（1）罗尔中值定理的应用和推广；

（2）拉格朗日中值定理的应用和推广；

（3）罗尔中值定理和拉格朗日中值定理的区别与联系。

五、教学方法

1. 综合运用讲授法、探究法、问题教学法激发学生学习兴趣。

2. 任务驱动式教学：以完成“任务”为线索，引导学生自主思考，从而寻得解决问题的方法。

3. 研讨式教学：将学生分成几个小组，各小组对教师的提问进行讨论，在教师的引导下，各小组再互相交流，从而得出最优的解决方案。

4. 启发式教学：启发学生分析问题，联系数学知识解决实际问题。

六、教学手段

1. 多媒体辅助教学：借助多媒体信息技术，加入丰富的视频、动画，使数学教学更直观、更生动，从而激发学生学习数学的兴趣。

2. 信息化教学：借助信息化教学平台——学习通，向学生发送学习资料、进行问题探讨、回答学生问题、统计回答问题情况、在线批改作业等。

3. 实物演示教学：演示实物或自制的教学模型，帮助学生理解数学问题。

七、教学过程

教学环节	教师活动	学生活动	设计意图	时间
导入新课	情境引入 【研讨问题】为什么交警能得出司机超速的结论？ 一名高速交警看到轿车在进入高速公路收费站后启动，他用对讲机告诉沿高速公路前方 60 km 处的另一交警。当轿车在 30 min 后到达第二个警官所在的位置时，其速度为 90 km/h。轿车司机因为超过了限速收到了一张罚单！为什么交警能得出司机超速的结论？（已知限速 100 km/h） 	体会教师所介绍的素材，积极展开思考，学生在教师的引导、启发下探究问题，分组研讨	激发学生探究实际问题，感受数学在现实中的应用	2 min

续表

<table>
<tr><th>教学环节</th><th>教师活动</th><th>学生活动</th><th>设计意图</th><th>时间</th></tr>
<tr><td rowspan="2">教学过程</td><td>罗尔中值定理
如果函数 $f(x)$ 满足
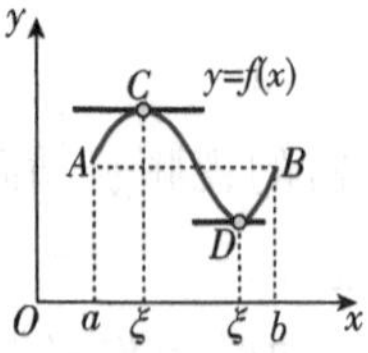

(1) 在闭区间 $[a, b]$ 上连续
(2) 在开区间 (a, b) 内可导
(3) $f(a) = f(b)$
那么在 (a, b) 内至少有一点 ξ，使得 $f'(\xi) = 0$
几何解释：连续曲线弧除端点外处处有不垂直于 x 轴的切线，两端点在同一高度，在曲线弧上，至少有一点存在水平切线。</td><td>通过观察，区别两种极值问题，找出不同点</td><td>让学生善于发现实际中的各种问题，并把它们进行相应的分类</td><td rowspan="2">35 min</td></tr>
<tr><td>拉格朗日中值定理
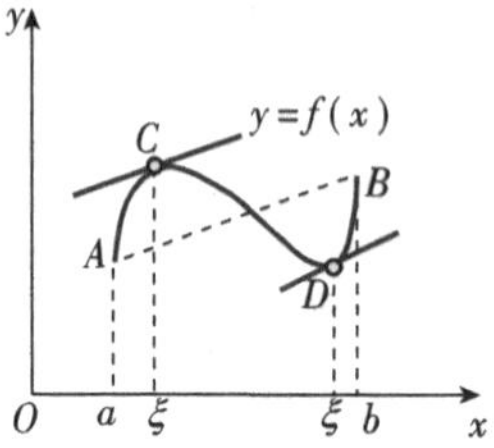

(1) 在闭区间 $[a, b]$ 上连续
(2) 在开区间 (a, b) 内可导
那么在 (a, b) 内至少有一点 ξ，使得
$f'(\xi) = \dfrac{f(b) - f(a)}{b - a}$
几何解释：连续曲线弧除端点外处处有不垂直于 x 轴的切线，在曲线弧上，至少有一点的切线平行于端点的连线。</td><td>学生在教师引导、启发下，思考条件极值问题的解法</td><td>一个问题的解决，可能有多种方法，所以，要学生自己尝试，发现不同方法的难易，从而拟订解决方案</td></tr>
</table>

续表

教学环节	教师活动	学生活动	设计意图	时间
教学过程	**罗尔中值定理**： 拉格朗日中值定理的特殊情况 **拉格朗日中值定理**： 罗尔中值定理的推广 $f'(\xi)=\dfrac{f(b)-f(a)}{b-a}$ $f(b)-f(a)=f'(\xi)(b-a)$ $(a<\xi<b)$ 拉格朗日中值公式：精确地表达了函数在一个区间上的增量与函数在这区间内某点处的导数之间的关系。	认真思考、仔细观察，拉格朗日函数的构造的过程	使学生运用前面的知识，理解拉格朗日乘数法和拉格朗日函数的结构	35 min
	【解决问题】为什么交警能得出司机超速的结论？ 平均速度 $=\dfrac{60}{30/60}$ km/h = 120 km/h $v_\xi=\bar{v}=120$ km/h>限速 100 km/h 拉格朗日中值定理的物理意义： 在 30 min 内至少存在某一时刻 ξ 的速度 $v_\xi=\bar{v}=120$ km/h>限速 100 km/h，所以可以断定该司机超速行驶。	学生在教师的引导下，用拉格朗日乘数法解决前面提出的问题	激发学生探求未知的热情，鼓励学生自己找出研究结果	
课程思政	拉格朗日，法国著名数学家、物理学家、天文学家，数学分析的开拓者。他在微积分中的主要贡献有：拉格朗日乘数法、拉格朗日中值定理和公式等。	学生在教师的引导、启发下追溯历史，感受数学家们探究真理的过程	通过数学历史、数学文化激励学生勇于探索，求取真知	2 min
小结	1. 情境导入 2. 罗尔中值定理 3. 拉格朗日中值定理 4. 拉格朗日中值定理的意义	学生积极参与课堂小结	帮助学生梳理知识点，更好地理清思路，从而掌握本次课的重点和难点	2 min

续表

教学环节	教师活动	学生活动	设计意图	时间
思考题与作业	一场大雨过后，一个水库的水量在 24 h 内增加了 1 727 m^3。试说明在这 24 h 内水库的水量在某个时候以超过 852 m^3/min 的流量在增加。	巩固所学知识	检验课堂学习效果，培养学生自主学习和探究创新的能力	2 min
答疑讨论	教师答疑	学生补充笔记，师生互相讨论	对所学内容做进一步的思考，探讨知识点，让学生在课堂上更好地理解数学概念	2 min

八、参考资料

[1] 同济大学数学系．高等数学[M]. 北京：高等教育出版社，2014：125-132.

[2] 黄立宏．高等数学[M]. 北京：北京大学出版社，2018：93-101.

[3] 李建平，曹定华．微积分[M]. 上海：复旦大学出版社，2015：100-105.

[4] 王洁，李娜．拉格朗日中值定理在生活中的应用[J]. 河南教育学院学报（自然科学版），2018，6（2）：46-48.

[5] 李双安，陈凤华，赵艳伟．拉格朗日中值定理教法研究[J]. 数学学习与研究，2016，9：29-31.

[6] 陈木彪．拉格朗日中值定理在分析磨损中的应用[J]. 广东交通职业技术学院学报，2003，9（3）：36-39.

九、教学反思

下面从教学设计、教学方式、存在问题3个方面对这节课进行反思，并提出改进措施。

（一）教学设计反思

“拉格朗日中值定理”这节课以任务驱动式教学设计为主。

1. 创设情境：通过高速交警得出司机超速结论的问题引入，激发学生的学习兴趣。

2. 确定问题：在创设的情境下，引入罗尔中值定理和拉格朗日中值定理。

3. 自主学习、协作学习：让学生自主探索，鼓励学生相互讨论，在讨论的过程中激发出解决问题的方案。

在教学设计方面，这节课做得比较好，整条教学主线清晰，学生容易掌握主要信息。

（二）教学方式反思

1. 研讨式教学：将学生分成几个小组，各小组进行讨论、交流，培养了学生主动学习的能力。

2. 启发式教学：通过罗尔中值定理启发学生，若两端点不在同一高度，可以得到什么结论呢？

3. 信息化教学：借助信息化教学平台——学习通，向学生发送学习资料、进行问题探讨。

4. 多媒体演示教学：罗尔中值定理和拉格朗日中值定理几何意义的描述，借助多媒体技术，非常形象地表达出来。

（三）存在问题反思

1. 与拉格朗日中值定理相关的实际问题的挖掘还不够。

2. 课前准备资料的发放还不够。

3. 研讨式教学的深度不够：部分学生在研讨过程中找准了答案，但是还有不少学生是人云亦云，是否真的理解了问题的实质不得而知。

（四）改进措施

1. 加强与其他学科的融合，了解更多的学科知识。

2. 增加参考资料的数量，加强课前准备工作。

3. 建立研讨式教学的评价模式，促使学生真正参与到研讨式教学中。

通过这次课堂教学反思，在今后的教学中，要改进不足之处，争取更好的教学效果！

附：

教学内容

一、情境引入--------------------2 min

研讨问题——为什么交警能得出司机超速的结论？

【PPT 课件演示】

一名高速交警看到轿车在进入高速公路收费站后启动，他用对讲机告诉沿高速公路前方 60 km 处的另一交警。当轿车在 30 min 后到达第二个警官所在的位置时，其速度为 90 km/h。轿车司机因为超过了限速收到了一张罚单！为什么交警能得出司机超速的结论？（已知限速 100 km/h）

二、讲授新课--------------------35 min

1. 罗尔中值定理

【PPT 课件演示】

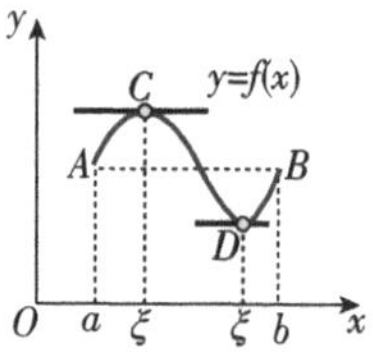

定理 如果函数 $f(x)$ 满足：

(1) 在闭区间 $[a, b]$ 上连续；

(2) 在开区间 (a, b) 内可导；

(3) $f(a)=f(b)$ 。

那么在 (a, b) 内至少有一点 ξ ，使得 $f'(\xi)=0$。

几何解释：连续曲线弧除端点外处处有不垂直于 x 轴的切线，两端点在同一高度，在曲线弧上，至少有一点存在水平切线。

2. 拉格朗日中值定理

【PPT 课件演示】

(1) 在闭区间 $[a, b]$ 上连续,

(2) 在开区间 (a, b) 内可导,

那么在 (a, b) 内至少有一点 ξ, 使得 $f'(\xi) = \dfrac{f(b)-f(a)}{b-a}$。

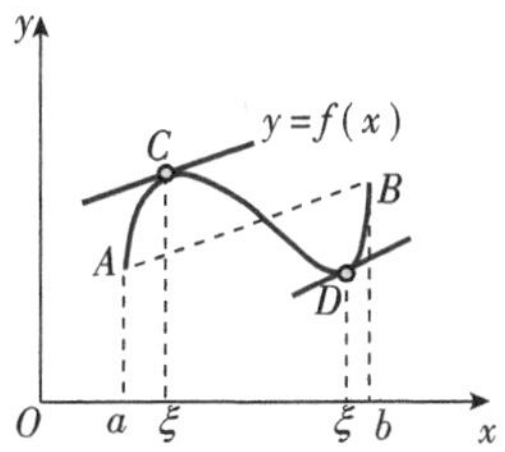

几何解释：连续曲线弧除端点外处处有不垂直于 x 轴的切线，在曲线弧上，至少有一点的切线平行于端点的连线。

证明　做辅助函数

$$F(x)=f(x)-\frac{f(b)-f(a)}{b-a}x$$

$F(x)$ 在闭区间 $[a, b]$ 上连续，在开区间 (a, b) 内可导，

且 $F(a)=f(a)-\dfrac{f(b)-f(a)}{b-a}a=\dfrac{bf(a)-af(b)}{b-a}$

$$F(b)=f(b)-\frac{f(b)-f(a)}{b-a}b=\frac{bf(a)-af(b)}{b-a}$$

所以 $F(a)=F(b)$。

$F(x)$ 满足罗尔中值定理的 3 个条件，至少存在一个点 $\xi \in (a, b)$，使得 $F'(\xi)=0$

即 $F'(\xi)=f'(\xi)-\dfrac{f(b)-f(a)}{b-a}=0$

因此得 $f'(\xi)=\dfrac{f(b)-f(a)}{b-a}$

当 $f(a)=f(b)$ 时, $f'(\xi)=0$

罗尔中值定理：拉格朗日中值定理的特殊情况

拉格朗日中值定理：罗尔中值定理的推广

$$f'(\xi)=\frac{f(b)-f(a)}{b-a}$$

$$f(b)-f(a)=f'(\xi)(b-a)\qquad (a<\xi<b)$$

拉格朗日中值公式：精确地表达了函数在一个区间上的增量与函数在这区间内某点处的导数之间的关系。

3. 历史人物简介

【PPT 课件演示】

约瑟夫·拉格朗日
(1736 年—1813 年)

约瑟夫·拉格朗日，法国著名数学家、物理学家、天文学家，数学分析的开拓者。

他于 1797 年在其著作《解析函数论》的第六章提出了该定理，并进行了初步证明，因此人们将该定理命名为拉格朗日中值定理，又称拉氏定理。

4. 拉格朗日中值定理的意义

$$f'(\xi)=\frac{f(b)-f(a)}{b-a}$$

↓　　　↓

点变化率　　平均变化率

拉格朗日中值定理：它反映了可导函数在闭区间上的整体的平均变化率与区间内某点的局部变化率的关系。

$$f'(\xi)=\frac{f(b)-f(a)}{b-a}$$

↓　　　↓

瞬时速度　　平均速度

物理意义：物体从 a 沿着曲线 $y=f(x)$ 运动到 b 的平均速度等于某一时刻 ξ 的瞬时速度。

5. 解决问题——为什么交警能得出司机超速的结论？

【PPT 课件演示】

平均速度$=\frac{60}{30/60}$ km/h = 120 km/h

$v_\xi=\bar{v}=120$ km/h>限速 100 km/h

拉格朗日中值定理的物理意义：在 30 min 内至少存在某一时刻 ξ 的速度 $v_\xi=\bar{v}=120$ km/h>限速 100 km/h，所以可以断定该司机超速行驶。

三、课程思政--2 min

学生在教师的引导、启发下追溯历史，感受数学家们探究真理的过程。

通过数学历史、数学文化激励学生勇于探索，求取真知！

四、课堂小结--2 min

情境引入→罗尔中值定理→拉格朗日中值定理→拉格朗日中值定理的意义。

五、课后思考与作业布置---------------------------------2 min

一场大雨过后，一个水库的水量在 24 h 内增加了 1 727 m^3。试说明在这 24 h 内水库的水量在某个时候以超过 852 m^3/min 的流量在增加。

六、学生补充笔记与讨论、教师答疑-------------------2 min

第二节 “曲线的凹凸性”教学设计

授课题目：曲线的凹凸性

授课时数：45 min（1 学时）

教学课型：理论课

所属学科：数学

教　　材：同济大学数学系编，《高等数学》，高等教育出版社，2014 年 7 月

授课对象：非数学专业大学一年级本科生

一、内容分析

“曲线的凹凸性”是第三章“微分中值定理与导数的应用”的第四节中的内容，其中曲线凹凸性的定义、判定和如何根据图形找出凹凸曲线的不同特征，以及凹凸性判定的推导是本节的重点和难点。利用曲线的凹凸性，学生可以了解曲线的弯曲方向，可以比较准确地画出函数曲线的图形，因此，学习曲线的凹凸性是很有必要的。

二、学情分析

学生在高中阶段已经学过利用一阶导数的符号判定曲线的单调性，但是，如何判定曲线的凹凸性，高中阶段并没有学习。而曲线的凹凸性，对于描绘曲线的图形以及在生产生活中的作用是很大的，因此，在大学阶段要在单调性学习的基础上，继续掌握凹凸性的判定方法，凹凸性的学习是高等数学必须掌握的知识。

三、教学目标

[知识目标] 1. 掌握曲线凹凸性的定义；

2. 深刻理解曲线凹凸性的判定。

[能力目标] 通过对曲线凹凸性的分析，培养学生运用形象思维和逻辑思维分析和解决问题的能力，并且，提高学生运用数学方法解决实际问题的能力。

[情感目标] 将曲线的凹凸性和现实中的问题和现象联系起来，让学生感受数学的直观性，领略数学的应用价值，提高学习高等数学的兴趣。

四、教学重点与难点

1. 教学重点

（1）曲线凹凸性的定义；

（2）曲线凹凸性的判定。

2. 教学难点

(1) 如何根据图形找出凹凸曲线的不同特征;

(2) 曲线凹凸性判定的推导。

五、教学方法

1. 综合运用讲授法、探究法、问题教学法激发学生学习兴趣。

2. 任务驱动式教学:以完成“任务”为线索,引导学生自主思考,从而寻得解决问题的方法。

3. 研讨式教学:将学生分成几个小组,各小组对教师的提问进行讨论,在教师的引导下,各小组再互相交流,从而得出最优的解决方案。

4. 启发式教学:启发学生分析问题,联系数学知识解决实际问题。

六、教学手段

1. 多媒体辅助教学:借助多媒体信息技术,加入丰富的视频、动画,使数学教学更直观、更生动,从而激发学生学习数学的兴趣。

2. 信息化教学:借助信息化教学平台——学习通,向学生发送学习资料、进行问题探讨、回答学生问题、统计回答问题情况、在线批改作业等。

3. 实物演示教学:演示实物或自制的教学模型,帮助学生理解数学问题。

七、教学过程

教学环节	教师活动	学生活动	设计意图	时间
导入新课	情境引入 【研讨问题】如何用数学语言描述凹凸曲线?  	体会教师所介绍的素材,积极展开思考	激发学生探究实际问题,感受数学在现实中的应用	2 min

续表

教学环节	教师活动	学生活动	设计意图	时间
教学过程	**凹凸曲线的特点：** 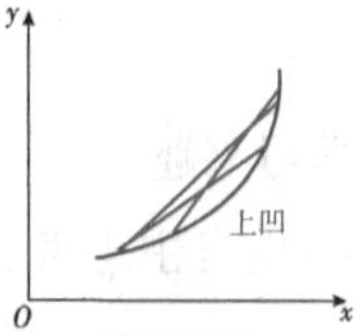 弦在弧上方 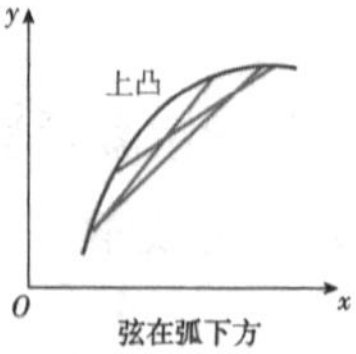 弦在弧下方	学生在教师的引导、启发下探究问题，分组研讨	启发学生思考，自主探究	35 min
	凹凸曲线的定义： 设$f(x)$在区间I上连续，如果对I上任意两点x_1，x_2 （1）恒有$f\left(\frac{x_1+x_2}{2}\right)<\frac{f(x_1)+(x_2)}{2}$，那么称$f(x)$在$I$上的图形是向上凹的。 （2）恒有$f\left(\frac{x_1+x_2}{2}\right)>\frac{f(x_1)+(x_2)}{2}$，那么称$f(x)$在$I$上的图形是向上凸的。	学生在教师引导、启发下，探索得出凹凸曲线的定义	让学生根据图形的特征，观察、分析、总结，把握凹凸曲线的本质	
	曲线凹凸性的判定 （1）根据定义判定？——复杂！ （2）有其他快速判定的方法吗？ 【结论】根据$f''(x)$的符号判定曲线的凹凸性 若在(a, b)内$f''(x)\geqslant 0$，则$f(x)$在$[a, b]$上的图形是凹的； 若在(a, b)内$f''(x)\leqslant 0$，则$f(x)$在$[a, b]$上的图形是凸的。	学生继续探讨，除了凹凸性的定义，还能用其他方法快速判定吗？	激发学生探求未知的热情，鼓励学生自己找出研究结果	
小结	1. 情境引入 2. 凹凸曲线的特点 3. 凹凸曲线的定义 4. 凹凸性的判定	学生积极参与课堂小结	帮助学生梳理知识点，更好地理清思路，从而掌握本次课的重点和难点	2 min
思考题与作业	求下列函数的凹凸区间 (1) $y = x^3 - 5x^2 + 3x + 5$ (2) $y = \ln(x^2 + 1)$ 确定凹凸区间的步骤？	巩固所学知识	检验课堂学习效果，培养学生自主学习和探究创新的能力	2 min

续表

教学环节	教师活动	学生活动	设计意图	时间
课程思政	中国著名数学家，中国科学院院士：华罗庚 他曾说过："聪明在于勤奋，天才在于积累！"	倾听数学家的事迹、成就，感受我国数学家在追求真理的过程中，对科学探索的坚持和毅力	用我国数学家的事迹和成就激励学生坚持学习数学知识，日积月累、持之以恒	2 min
答疑讨论	教师答疑	学生补充笔记，师生互相讨论	对所学内容做进一步的思考，探讨知识点，让学生在课堂上更好地理解数学概念	2 min

八、参考资料

[1] 同济大学数学系．高等数学[M]．北京：高等教育出版社，2014：147-152.

[2] 黄立宏．高等数学[M]．北京：北京大学出版社，2018：116-119.

[3] 李建平，曹定华．微积分[M]．上海：复旦大学出版社，2015：129-132.

[4] 燕列雅，王军秋，赵君平．利用曲线的凹凸性证明定积分不等式[J]．高等数学研究，2018，11（6）：26-27.

[5] 潘朝毅．关于曲线凹凸性教学中的若干定理与性质[J]．成都师范学院学报，2017，5：111-114.

九、教学反思

下面从教学设计、教学方式、存在问题 3 个方面对这节课进行反思，并提出改进措施。

（一）教学设计反思

《曲线的凹凸性》这节课以任务驱动式教学设计为主。

1. 创设情境：通过现实中的凹凸曲线问题引入，激发学生的学习兴趣。

2. 确定问题：在创设的情境下，提出问题——如何用数学语言描述凹凸曲线？

3. 自主学习、协作学习：让学生自主探索，鼓励学生相互讨论，在讨论的过程中激发出解决问题的方案。

在教学设计方面，这节课做得比较好，整条教学主线清晰，学生容易掌握主要信息。

（二）教学方式反思

1. 研讨式教学：将学生分成几个小组，各小组进行讨论、交流，培养了学生主动学习的能力。

2. 启发式教学：通过观察曲线弧与弦的位置关系，启发学生得出凹凸曲线的定义；通过观察平面曲线的切线的变化情况，启发学生得出凹凸性的判定。

3. 信息化教学：借助信息化教学平台——学习通，向学生发送学习资料、进行问题探讨。

4. 多媒体演示教学：曲线弧与弦的位置关系、平面曲线的切线的变化情况等，都通过多媒体技术形象地展现了出来，学生很容易看出凹凸曲线的特点。

（三）存在问题反思

1. 与凹凸性相关的实际问题的挖掘还不够。

2. 课前准备资料的发放还不够。

3. 研讨式教学的深度不够：部分学生在研讨过程中找准了答案，但是还有不少学生是人云亦云，是否真的理解了问题的实质不得而知。

（四）改进措施

1. 加强与其他学科的融合，了解更多的学科知识。

2. 增加参考资料的数量，加强课前准备工作。

3. 建立研讨式教学的评价模式，促使学生真正参与到研讨式教学中。

通过这次课堂教学反思，在今后的教学中，要改进不足之处，争取更好的教学效果！

附：

教学内容

一、情境引入--2 min

研讨问题——如何用数学语言描述凹凸曲线？

【PPT 课件演示】

S 型公路

笑脸、哭脸

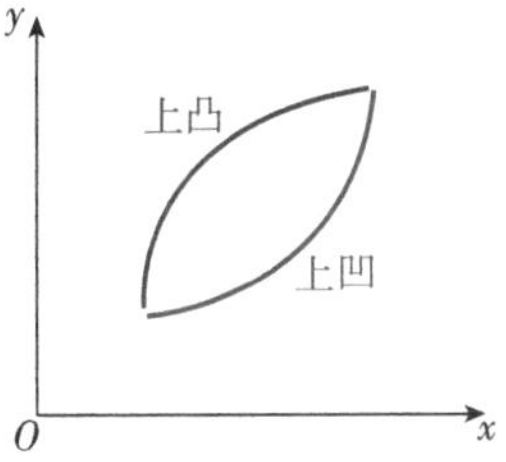

凹凸曲线

二、讲授新课--35 min

1. 凹凸曲线的特点

【PPT 课件演示】

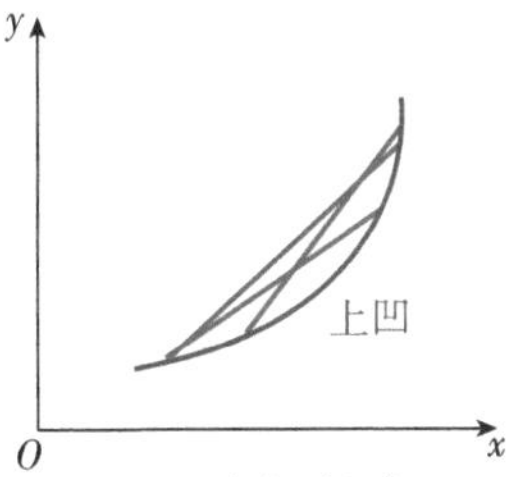

上凹　弦在弧上方

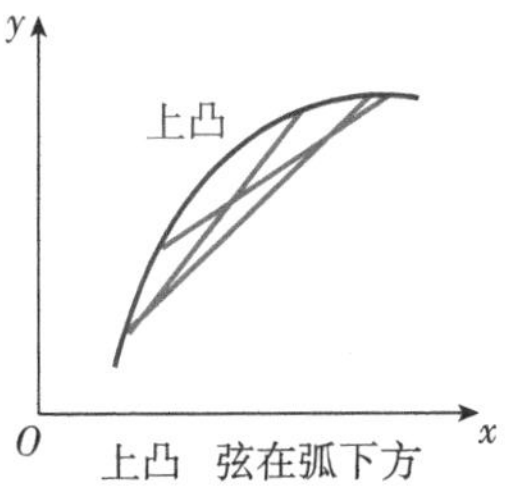

上凸　弦在弧下方

2. 凹凸曲线的定义

【PPT 课件演示】

定义 设 $f(x)$ 在区间 I 上连续，如果对 I 上任意两点 x_1，x_2，恒有 $f\left(\frac{x_1+x_2}{2}\right)<\frac{f(x_1)+(x_2)}{2}$，那么称 $f(x)$ 在 I 上的图形是向上凹的。

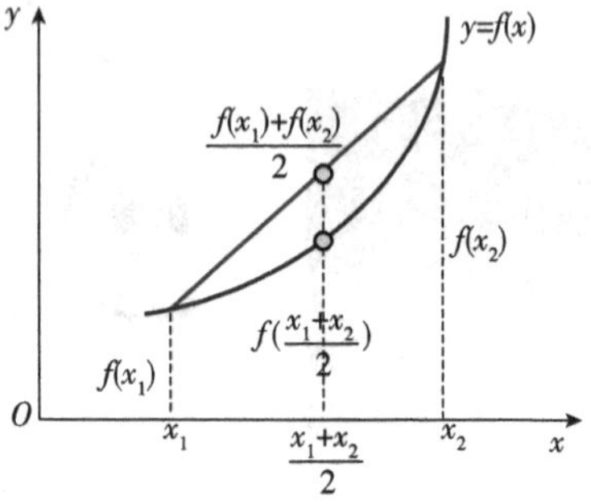

定义 设 $f(x)$ 在区间 I 上连续，如果对 I 上任意两点 x_1，x_2，恒有 $f\left(\frac{x_1+x_2}{2}\right)>\frac{f(x_1)+(x_2)}{2}$，那么称 $f(x)$ 在 I 上的图形是向上凸的。

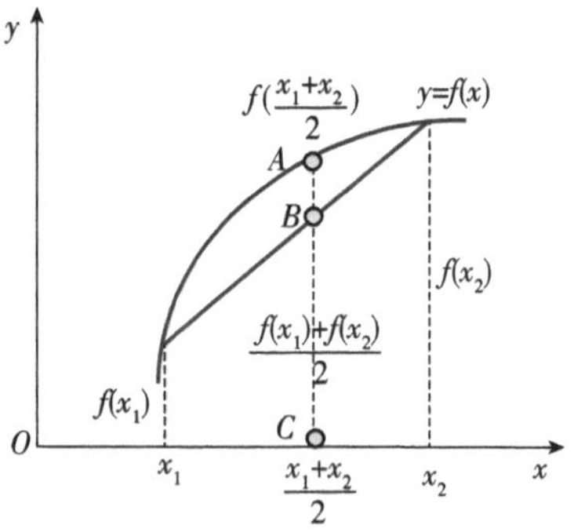

3. 曲线凹凸性的判定

【PPT 课件演示】

根据定义判定？——复杂！

上凹 $f\left(\frac{x_1+x_2}{2}\right)<\frac{f(x_1)+(x_2)}{2}$　　　　上凸 $f\left(\frac{x_1+x_2}{2}\right)>\frac{f(x_1)+(x_2)}{2}$

曲线的凹凸性还可以根据什么方法来判定呢？

切线斜率单调递增　$f'(x)$ 单调递增　$f''(x) \geqslant 0$

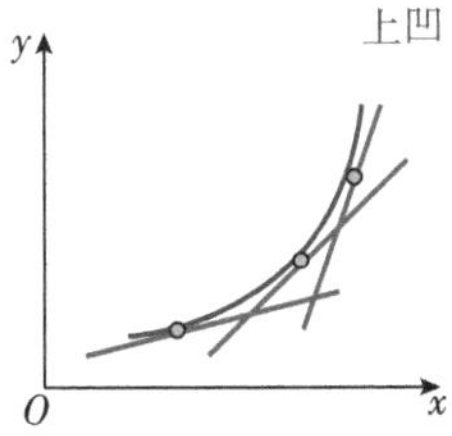

切线斜率单调递减　$f'(x)$ 单调递增　$f''(x) \leqslant 0$

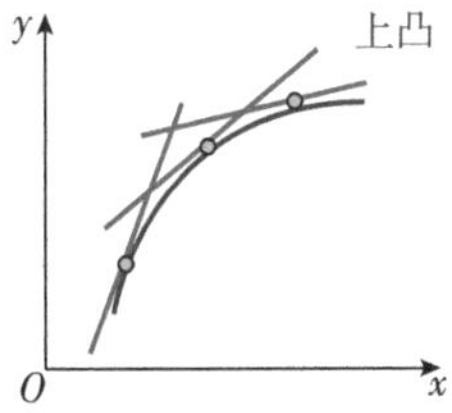

【结论】根据 $f''(x)$ 的符号判定曲线的凹凸性

定理　设 $f(x)$ 在 $[a, b]$ 上连续，在 (a, b) 内具有一阶和二阶导数，那么

(1) 若在 (a, b) 内 $f''(x) \geqslant 0$，则 $f(x)$ 在 $[a, b]$ 上的图形是凹的；

(2) 若在 (a, b) 内 $f''(x) \leqslant 0$，则 $f(x)$ 在 $[a, b]$ 上的图形是凸的。

例：判定曲线 $y = x^3$ 的凹凸性。

解：因为 $y' = 3x^2$，$y'' = 6x$

当 $x<0$，$y''<0$，所以曲线在 $(-\infty, 0]$ 上为凸的；

当 $x>0$，$y''>0$，所以曲线在 $(-\infty, 0]$ 上为凹的；

$x = 0$ 凹凸性发生了改变；

$(0, 0)$ 拐点：凹凸性发生了改变的点。

三、课堂小结--2 min

1. 情境引入；
2. 凹凸曲线的特点；
3. 凹凸曲线的定义；

4. 凹凸性的判定。

四、课后思考与作业布置--2 min

1. 求下列函数的凹凸区间

（1）$y=x^3-5x^2+3x+5$

（2）$y=\ln(x^2+1)$

确定凹凸区间的步骤？

五、课程思政---2 min

中国科学院院士，中国著名数学家：华罗庚。

他曾说过："聪明在于勤奋，天才在于积累！"

用我国数学家的事迹和成就激励学生坚持学习数学知识，日积月累、持之以恒！

六、学生补充笔记与讨论、教师答疑--------------------2 min

第三节 "弯曲程度问题和曲率"教学设计

授课题目：弯曲程度问题和曲率

授课时数：45 min（1 学时）

教学课型：理论课

所属学科：数学

教　　材：同济大学数学系编，《高等数学》，高等教育出版社，2014 年 7 月

授课对象：非数学专业大学一年级本科生

一、内容分析

"弯曲程度问题和曲率"是第三章"微分中值定理与导数的应用"的第七节，其中曲率和曲率半径的计算，利用曲率和曲率半径、结合力学知

识，分析并解决现实中的具体问题是本节的重点和难点。这部分内容是一元函数微分学的一个重要的应用，是我们继续学习多元微分学的基础，同时，它是应用数学知识解决实际问题的典型知识，让学生在学习的过程中感受到数学的应用价值和数学知识对于实际生活的启示。

日常生活中，经常会遇到各种弯曲问题，比如：汽车在公路上行驶、火车在铁轨上高速运行都会经过具有一定弯曲程度的路段，为什么在某些路段需要限速呢？这个行驶速度与所经过的路段的弯曲程度有关。再比如：飞机做俯冲运动所经过的曲线路径、泥沙的堆积与河流的弯曲程度的关系、如何设计砂轮的大小、曲屏电视机的设计等，这些问题都与弯曲程度有关。因此，研究曲线的弯曲程度和曲率是很有必要的。

二、学情分析

高等数学课程的主要内容是微积分，学生在高中阶段已经学过一部分内容了，对于一元函数微分和导数的知识，学生并不陌生，在高中阶段还学习了用导数判定函数的单调性，但是，曲率问题是没有接触过的。现实生产生活中的许多问题都与曲率有关，教师通过对这些实际问题的分析，恰当地引入曲率的知识，并用曲率的知识解释现实中的问题，从而达到以科学的思维方式引导学生用数学知识解决实际问题的目的。

三、教学目标

[知识目标] 1. 了解平面曲线的弯曲程度与切线转角和弧长的关系；
2. 掌握平均曲率和某一点曲率的概念；
3. 掌握一般平面曲线上某一点的曲率计算公式；
4. 了解曲率圆的概念，并掌握曲率半径的计算方法；
5. 了解向心力与曲率半径的关系。

[能力目标] 通过对平面曲线弯曲程度问题的分析，培养学生运用形象思维和逻辑思维分析和解决问题的能力。

[情感目标] 将平面曲线的弯曲程度问题和现实中的汽车、火车的限速问题，曲线形构件打磨砂轮的选取问题联系起来，让学生感受数学的直观性，领略数学的应用价值，提高学习高等

数学的兴趣。

四、教学重点与难点

1. 教学重点

曲率和曲率半径的计算

2. 教学难点

利用曲率和曲率半径，结合力学知识，分析并解决现实中的具体问题。

五、教学方法

1. 综合运用讲授法、探究法、问题教学法激发学生学习兴趣。

2. 任务驱动式教学：以完成“任务”为线索，引导学生自主思考，从而寻得解决问题的方法。

3. 研讨式教学：将学生分成几个小组，各小组对教师的提问进行讨论，在教师的引导下，各小组再互相交流，从而得出最优的解决方案。

4. 启发式教学：启发学生分析问题，联系数学知识解决实际问题。

六、教学手段

1. 多媒体辅助教学：借助多媒体信息技术，加入丰富的视频、动画，使数学教学更直观、更生动，从而激发学生学习数学的兴趣。

2. 信息化教学：借助信息化教学平台——学习通，向学生发送学习资料、进行问题探讨、回答学生问题、统计回答问题情况、在线批改作业等。

3. 实物演示教学：演示实物或自制的教学模型，帮助学生理解数学问题。

七、教学过程

教学环节	教师活动	学生活动	设计意图	时间
导入新课	重大事件引入  以 2013 年西班牙火车脱轨事件为切入点，让学生对弯曲程度问题引起重视。此外，公路限速、曲线形构件内表面的打磨砂轮的选取、曲屏显示器的设计等问题都与曲线的弯曲程度有关。 提出问题：曲线的弯曲程度与哪些量有关？	观看视频，体会教师所介绍的素材，积极展开思考	播放事故视频，让学生对弯曲程度问题引起重视。让学生探究实际问题，了解曲率知识的现实背景	3 min
教学过程	如何用数量来描述曲线的弯曲程度？ 得出：曲线的弯曲程度 （1）与切线的转角有关 （2）与曲线的弧长有关	学生在教师的引导、启发下探究问题，分组研讨	启发学生思考，自主探究	32 min
	平均曲率和某一点的曲率的概念 $\overline{K}=\frac{\lvert\Delta\alpha\rvert}{\lvert\Delta s\rvert}=\left\lvert\frac{\Delta\alpha}{\Delta s}\right\rvert$ $K=\lim\limits_{\Delta s\to 0}\left\lvert\frac{\Delta\alpha}{\Delta s}\right\rvert=\left\lvert\frac{\mathrm{d}\alpha}{\mathrm{d}s}\right\rvert$	用平均变化率和点变化率的关系，思考曲率的概念	掌握曲率的概念	
	介绍直线和圆的曲率 $K=\lim\limits_{\Delta s\to 0}\left\lvert\frac{\Delta\alpha}{\Delta s}\right\rvert=0$ $K=\lim\limits_{\Delta s\to 0}\left\lvert\frac{\Delta\alpha}{\Delta s}\right\rvert=\frac{1}{R}$ 推导一般平面曲线的曲率计算公式。 $K=\left\lvert\frac{\mathrm{d}\alpha}{\mathrm{d}s}\right\rvert=\frac{\lvert y''\rvert}{(1+y'^2)^{\frac{3}{2}}}$	学生在教师的讲解下观察、思考曲率的计算公式	理解曲率在直角坐标系下公式的求解思路	

续表

教学环节	教师活动	学生活动	设计意图	时间
	曲率圆和曲率半径 曲率半径和曲率的关系： $$\rho = \frac{1}{K}$$	学生对曲率圆和曲率半径有形象的认识，为曲率的应用打好基础	拓展学生知识面，培养学生创新意识与能力	
教学过程	【研讨问题 1】工件内表面打磨砂轮的选取  结论 1：砂轮不应大于抛物线上最小的曲率圆 结论 2：砂轮的半径不应大于抛物线上最小的曲率半径 转化问题： 1. 抛物线上哪一点的曲率半径最小？ 2. 抛物线上哪一点的曲率最大？	学生在教师的引导、启发下探究问题，分组研讨	启发学生思考，自主探究	32 min
	【研讨问题 2】西班牙火车脱轨事件 向心力与曲率半径 $F_n = m\frac{v^2}{\rho}$ 结论 1：火车脱轨的一个主要原因：速度太快 结论 2：火车脱轨的另一个主要原因： 铁轨的弯曲程度太大 启示： 1. 弯曲程度较大的路段，合理限速 2. 弯曲程度较小的路段，速度可以适当增大	分组讨论，分析火车脱轨的原因。通过“学习通”信息平台，将讨论结果发送至大屏幕	培养学生自主探究能力与创新能力，学会在线学习与讨论	
小结	1. 平面曲线的弯曲程度与切线转角和弧长的关系 2. 平均曲率和某一点曲率的概念 3. 一般平面曲线上某一点的曲率计算公式 4. 曲率圆的概念，曲率半径的计算 5. 向心力与曲率半径的关系	学生积极参与课堂小结	帮助学生梳理知识点，更好地理清思路，从而掌握本次课的重点和难点	2 min

续表

教学环节	教师活动	学生活动	设计意图	时间
课程思政	中国速度 世界速度 	学生和教师一起感受中国的发展，数学在科技中的应用和作用	激发学生的爱国热情和民族自豪感！让学生看到：数学在科技发展中的应用；数学理性思维所取得的创新； 数学精细化计算在安全生产中的作用	3 min
思考题与作业	曲屏显示器优点： 1. 对比度更出色 2. 视角更广泛 3. 沉浸式体验 4. 看起来更酷 曲屏显示器怎样设计才能让使用者有更好的视觉体验呢？ 	巩固所学知识	检验课堂学习效果，培养学生自主学习和探究创新的能力	3 min

八、参考资料

[1] 同济大学数学系．高等数学[M]．北京：高等教育出版社，2014：168-183.

[2] 黄立宏．高等数学[M]．北京：北京大学出版社，2018：125-130.

[3] 李建平，曹定华．微积分[M]．上海：复旦大学出版社，2015：66-99.

[4] 张聪，孙莉敏，苑倩倩，等．关于曲率的教学设计[J]．高师理科学刊，2017（9）：65-67.

[5] 郑金．抛物线曲率半径关系式的推导及应用[J]．物理教学，2017（10）：50-53.

[6] 唐帅涛. 手机壳三维特征尺寸及曲屏测量系统 [D]. 合肥：合肥工业大学，2018：5-20.

九、教学反思

下面从教学设计、教学方式、存在问题3个方面对这节课进行反思，并提出改进措施。

（一）教学设计反思

从课程设计上来看，提出问题—分析问题—阐明数学概念—用数学知识解决实际问题—再进一步提出问题，体现了四步循环法的作用。以完成“任务”为线索，引导学生自主思考，任务驱动式教学设计为主。

1. 创设情境：以2013年西班牙火车脱轨事件为切入点，让学生对弯曲程度问题引起重视。

2. 确定问题：在创设的情境下，提出：“如何用数量来描述曲线的弯曲程度?”“曲线的弯曲程度与哪些量有关?”“西班牙火车脱轨的主要原因是什么?”

3. 自主学习、协作学习：让学生自主探索，鼓励学生相互讨论，在讨论的过程中激发出解决问题的方案。

在教学设计方面，这节课做得比较好，整条教学主线清晰，学生容易掌握主要信息。

（二）教学方式反思

1. 研讨式教学：将学生分成几个小组，各小组进行讨论、交流，培养了学生主动学习的能力。

2. 启发式教学：启发式教学贯穿整个教学过程。比如：在讲到曲线形构件打磨砂轮的选取问题时，通过讨论得到，结论1：砂轮不应大于抛物线上最小的曲率圆；结论2：砂轮的半径不应大于抛物线上最小的曲率半径。紧接着启发、引导学生转化问题，也就是要解决下面的问题：①抛物线上哪一点的曲率半径最小？②抛物线上哪一点的曲率最大？这样，学生就被带动着找到了解决问题的方法。

3. 信息化教学：借助信息化教学平台——学习通，向学生发送学习资料、进行问题探讨。

4. 实物演示教学：演示实物或自制的教学模型，帮助学生理解数学问题。在分析“当弧长相等时，曲线的弯曲程度越大，切线的转角也越大”这个问题时，采用了自制的教学模型，学生非常直观地感受到了这个结论。

（三）存在问题反思

1. 理论水平不够高：通过这节课的教学，发现自己在数学理论知识的挖掘上做得还不够，很多知识点需要更加融会贯通。

2. 课前准备资料的发放不够：虽然在这节课前给学生发送了一些参考资料，但是数量有限，学生还不能很好地从中获取关键信息。

3. 研讨式教学的深度不够：这节课是以研讨为主，部分学生在研讨过程中找准了答案，但是还有不少学生是人云亦云，是否真的理解了问题的实质不得而知。

（四）改进措施

1. 加强数学理论的学习，多请教、多学习，达到知识点融会贯通。

2. 增加参考资料的数量，加强课前准备工作。

3. 建立研讨式教学的评价模式，促使学生真正参与到研讨式教学中。

通过这次课堂教学反思，在今后的教学中，要改进不足之处，争取更好的教学效果！

附：

教学内容

一、情境引入--3 min

1. 西班牙火车脱轨事件

【播放视频】——对弯曲程度问题引起重视

2013 年 7 月 24 日晚 8 点 42 分，从西班牙首都马德里开往费罗尔的火车。据报道，列车行驶至一个弯道时，突然脱轨。死伤惨重！这是全球最严重的列车事故之一。

“黑匣子”数据显示，出事列车在进入限速为时速 80 km 的弯道时，车速竟然一度高达时速 192 km。

2. 其他相关问题

公路限速

曲线形工件打磨砂轮的选取

曲屏显示器

3. 提出问题——“如何用数量来描述曲线的弯曲程度?”“曲线的弯曲程度与哪些量有关?”

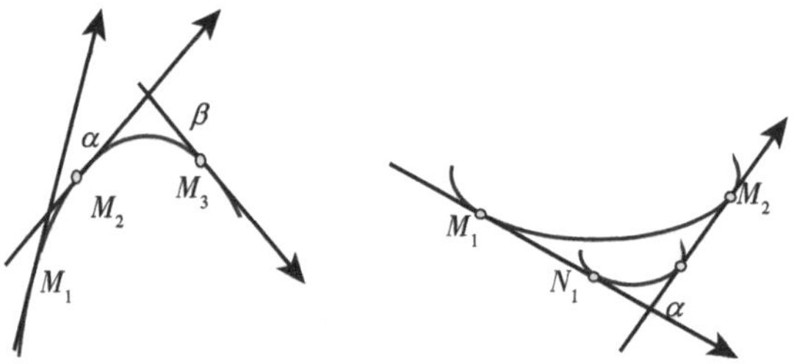

【分组讨论】——相互探讨，主动探知，深入理解

教师引导学生回答：

（1）弧长相等，切线转角越大，弯曲程度越大；

（2）切线转角相同，弧段越短，弯曲程度越大。

说明：曲线的弯曲程度

（1）与切线的转角有关；

（2）与曲线的弧长有关。

向学生介绍，接下来就要学习描述曲线弯曲程度的数学概念——曲率。

二、讲授新课------32 min

1. 曲率

（1）平均曲率

$$\overline{K}=\frac{|\Delta\alpha|}{|\Delta s|}=\left|\frac{\Delta\alpha}{\Delta s}\right|$$

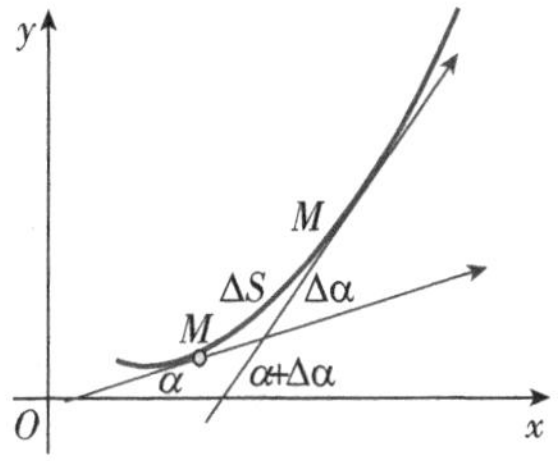

单位弧段上切线转过的角度的大小

描述：平均弯曲程度

（2）某一点的曲率

$$K=\lim_{\Delta s\to 0}\left|\frac{\Delta\alpha}{\Delta s}\right|=\left|\frac{d\alpha}{ds}\right|$$

平均曲率的极限

描述：某一点的弯曲程度

- 直线的曲率

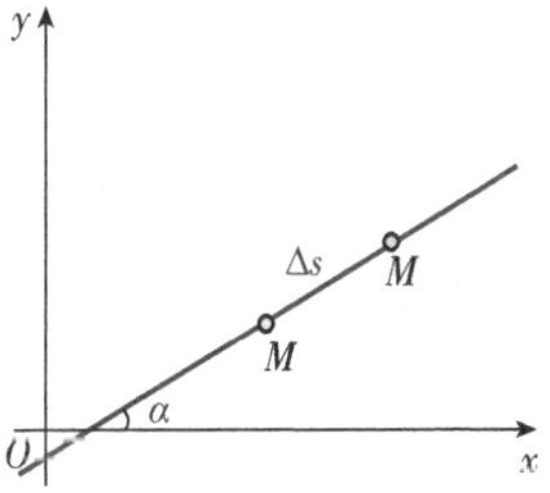

因为 $\Delta s=0$

所以 $\frac{\Delta\alpha}{\Delta s}=0$

从而 $K=\lim\limits_{\Delta s\to 0}\left|\frac{\Delta\alpha}{\Delta s}\right|=0$

（说明：直线上任一点处的曲率都为 0）

- 圆的曲率

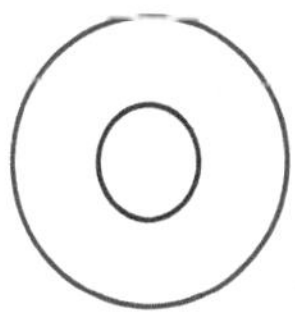

因为 $\Delta s=R\cdot\Delta\alpha$

所以 $\frac{\Delta\alpha}{\Delta s}=\frac{1}{R}$

从而 $K=\lim\limits_{\Delta s\to 0}\left|\frac{\Delta\alpha}{\Delta s}\right|=\frac{1}{R}$

（说明：圆上任一点处的曲率都相同，R 越小，圆弧弯曲得越厉害）

- 一般平面曲线上某一点的曲率——曲率的计算公式

$$K=\left|\frac{d\alpha}{ds}\right|=\frac{|y''|}{(1+y'^2)^{\frac{3}{2}}}$$

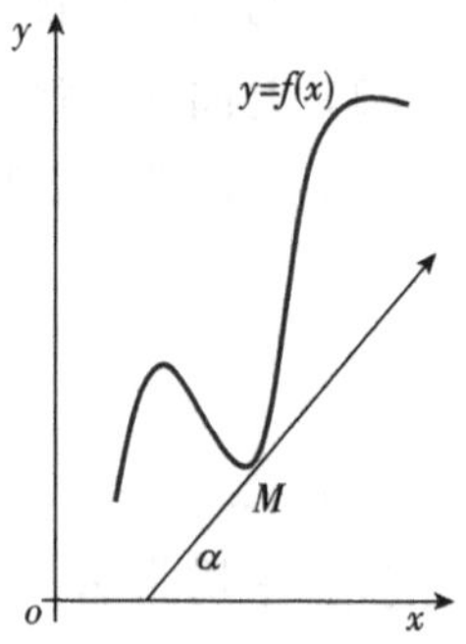

证明：因为 $\tan\alpha=y'$

$$\sec^2\alpha\frac{d\alpha}{dx}=y''$$

所以 $\dfrac{d\alpha}{dx}=\dfrac{y''}{\sec^2\alpha}=\dfrac{y''}{1+\tan^2\alpha}=\dfrac{y''}{1+y'^2}$

于是 $d\alpha=\dfrac{y''}{1+y'^2}dx$

又 $ds=\sqrt{(dx)^2+(dy)^2}=\sqrt{(dx)^2+(y'dx)^2}=\sqrt{1+y'^2}\,dx$

所以，曲率 $K=\left|\dfrac{d\alpha}{ds}\right|=\dfrac{|y''|}{(1+y'^2)^{\frac{3}{2}}}$

例：计算等边双曲线 $xy=1$ 在点 (1，1) 处的曲率。

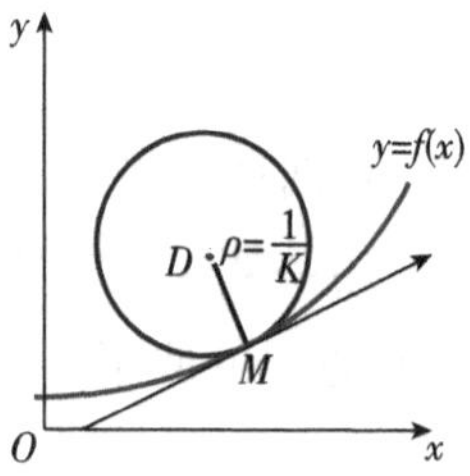

解：由 $xy=1$，得 $y=\dfrac{1}{x}$

所以 $y'=-\dfrac{1}{x^2}$，$y''=\dfrac{2}{x^3}$

于是 $y'|_{x=1}=-1$，$y''|_{x=1}=2$

所以在点 (1，1) 处的曲率

$$K=\frac{2}{[1+(-1)^2]^{\frac{3}{2}}}=\frac{\sqrt{2}}{2}$$

2. 曲率圆和曲率半径

设曲线 $y=f(x)$ 在点 $M(x, y)$ 处的曲率为 $K(K\neq 0)$，

在点 M 处的曲线的法线上，在凹的一侧取一点 D，使 $|DM|=\dfrac{1}{K}=\rho$，

以 D 为圆心，ρ 为半径作圆，这个圆叫作曲线在点 M 处的曲率圆，

曲率圆的圆心 D，叫作曲线在点 M 处的曲率中心，

曲率圆的半径 ρ，叫作曲线在点 M 处的曲率半径。

在点 M 处曲率圆与曲线的关系：

（1）有公切线　　　　（2）凹向一致　　　　（3）曲率相同

3. 研讨问题 1——工件内表面打磨砂轮的选取？

【分组讨论】——相互区别，找准原因，得出结论

结论 1：砂轮不应大于抛物线上最小的曲率圆；

结论 2：砂轮的半径不应大于抛物线上最小的曲率半径。

转化问题：

1. 抛物线上哪一点的曲率半径最小？

2. 抛物线上哪一点的曲率最大？

思考：抛物线 $y = ax^2 + bx + c$ 上哪一点的曲率最大？

解：由 $y = ax^2 + bx + c$

得 $y' = 2ax + b$，$y'' = 2a$

所以 $K = \dfrac{|2a|}{[1 + (2ax + b)^2]^{3/2}}$

抛物线在顶点处的曲率最大

$$K = |2a| = 0.4$$

抛物线顶点处的曲率半径最小

$$\rho = \frac{1}{K} = 2.5$$

选用砂轮的直径不得超过 5 个单位长。

4. 研讨问题 2——西班牙火车脱轨事件

【分组讨论】——结合所学知识，找出火车脱轨原因

分析西班牙火车脱轨的原因，通过“学习通”信息平台，将讨论结果发送至大屏幕，检索学生发送信息的关键词。

在物理学中，我们知道，向心力

$$F_n = m\frac{v^2}{\rho}$$

其中：m——质量；v——速度；ρ——曲率半径。

【分析】用时速 80 km 和 192 km 的速度比较一下，可以得到向心力的大小分别为：

$$F_{n_1} = m\frac{80^2}{\rho} \qquad F_{n_2} = m\frac{192^2}{\rho}$$

所以，$F_{n_2} = \frac{192^2}{80^2}$，$F_{n_1} = 5.76F_{n_1}$。

【结论 1】用实际速度 192 km/h 行驶时所产生的向心力是最大限速 80 km/h 所产生的向心力的 5.76 倍！（火车脱轨的一个主要原因：速度太快！）

提出：除了速度过快，还有什么其他原因？

【分组讨论】——继续挖掘，找出原因！

猜测：除了速度过快，铁轨的弯曲程度太大是一个重要的原因！

【分析】

$$F_n = m\frac{v^2}{\rho}$$

当 v^2 较大，ρ 较小时，F_n 会很大（弯曲程度较大的路段，合理限速！）

当 v^2 较大，ρ 也较大时，F_n 可能不会太大（弯曲程度较小的路段，速度可以适当增大！）

$$F_{n1} = m\frac{80^2}{\rho_1} \qquad F_{n2} = m\frac{192^2}{\rho_2}$$

若 $F_{n2} = F_{n1}$，

则 $\rho_2 = 5.76\rho_1$

或 $K_2 = \frac{1}{5.76}K_1$

说明：若列车要以 192 km/h 的速度行驶，所经过的铁轨的弯曲程度应该是实际弯曲程度的 $\frac{1}{5.76}$。（减小铁轨的弯曲程度）

【结论 2】火车脱轨的另一个主要原因：铁轨的弯曲程度太大！

三、课程思政--------3 min

【激发学生的爱国热情和民族自豪感！】

减少铁轨的弯曲程度，从而增加行驶速度。因此，我国在铁路建设上投入了不少资金，搭桥、开隧道，尽量减少铁轨的弯曲程度。中国高铁在全世界已经名列前茅，中国速度已经成为世界速度，这是我们每一个中国人都引以为豪的！高铁的发展、科技的发展依赖于像数学这样的基础学科的发展，因此，学生们要认真学习数学专业知识，把数学基础打牢，让数学知识能够解决更多的实际问题！在数学理性思维的引领下获得更多的创新！在数学精细化的计算下，培养我们的安全意识！

四、课堂小结--------2 min

1. 平面曲线的弯曲程度与切线转角和弧长的关系；
2. 平均曲率和某一点曲率的概念；
3. 一般平面曲线上某一点的曲率计算公式；
4. 曲率圆的概念，曲率半径的计算；
5. 向心力与曲率半径的关系。

五、课后思考与作业布置----------------------------------2 min

曲屏显示器与普通的显示器相比有哪些优点？

1. 对比度更出色；
2. 视角更广泛；
3. 沉浸式体验；
4. 看起来更酷。

六、学生补充笔记与讨论、教师答疑--------------------3 min

第四章　定积分及其应用教学设计案例

第一节　“无穷限的反常积分”教学设计

授课题目：无穷限的反常积分

授课时数：45 min（1 学时）

教学课型：理论课

所属学科：数学

教　　材：同济大学数学系编，《高等数学》，高等教育出版社，2014 年 7 月

授课对象：非数学专业大学一年级本科生

一、内容分析

“无穷限的反常积分”是第五章“定积分”的第四节中的内容，其中无穷限反常积分的定义和几何意义、无穷限反常积分的计算方法是本节的重点，无穷限反常积分与定积分的区别和联系、如何分析现实问题，利用无穷限反常积分的计算，解决现实中的具体问题是本节的难点。定积分的积分区间都是有限的，但在实际应用和理论研究中，还会遇到一些在无限区间上定义的函数，对它们也需要考虑类似于定积分的问题。因此，有必要对定积分的概念加以推广，这种推广的积分，由于它异于通常的定积分，故称之为广义积分，也称之为反常积分。

二、学情分析

学生此前学过定积分，了解了定积分的简单计算和应用等知识。而现实生产生活中，许多问题的解决用定积分解决不了，因为定积分的上下限都是

常数，我们经常还会遇到上下限是无穷大的情形，这种积分称为无穷限反常积分。因此，在定积分学习的基础上，我们要继续拓宽、加深，学习无穷限反常积分的知识，从而解决相应的实际问题。由于本节内容有点枯燥，所以要积极调动学生的兴趣，培养好课堂气氛，使学生充分掌握本节课的内容。

三、教学目标

[知识目标] 1. 掌握无穷限反常积分的定义和几何意义；
2. 掌握无穷限反常积分的计算方法；
3. 理解无穷限反常积分与定积分的区别和联系；
4. 掌握如何分析现实问题，利用无穷限反常积分解决现实问题。

[能力目标] 通过对无穷限反常积分问题的分析，培养学生运用逻辑思维分析和解决问题的能力，提高学生运用数学方法解决实际问题的能力。

[情感目标] 将无穷限反常积分问题和万有引力势能问题、第二宇宙速度问题联系起来，让学生感受数学的直观性，领略数学的应用价值，提高学习高等数学的兴趣。

四、教学重点与难点

1. 教学重点

（1）无穷限反常积分的定义和几何意义；

（2）无穷限反常积分的计算方法。

2. 教学难点

（1）无穷限反常积分与定积分的区别和联系；

（2）如何分析现实问题，利用无穷限反常积分的计算，解决现实中的具体问题。

五、教学方法

1. 综合运用讲授法、探究法、问题教学法激发学生学习兴趣。

2. 任务驱动式教学：以完成“任务”为线索，引导学生自主思考，从而寻得解决问题的方法。

3. 研讨式教学：将学生分成几个小组，各小组对教师的提问进行讨论，在教师的引导下，各小组再互相交流，从而得出最优的解决方案。

4. 启发式教学：启发学生分析问题，联系数学知识解决实际问题。

六、教学手段

1. 多媒体辅助教学：借助多媒体信息技术，加入丰富的视频、动画，使数学教学更直观、更生动，从而激发学生学习数学的兴趣。

2. 信息化教学：借助信息化教学平台——学习通，向学生发送学习资料、进行问题探讨、回答学生问题、统计回答问题情况、在线批改作业等。

3. 实物演示教学：演示实物或自制的教学模型，帮助学生理解数学问题。

七、教学过程

教学环节	教师活动	学生活动	设计意图	时间
导入新课	情境引入 【研讨问题】万有引力势能问题 已知地球质量为M，半径为R，一质量为m的火箭从地面上升到距地面高度为$2R$处，若取无穷远处势能为零。问：此时地球火箭系统的万有引力势能为多少？ $E_p = \int_{2R}^{+\infty} - G\frac{Mm}{r^2}\mathrm{d}r$ 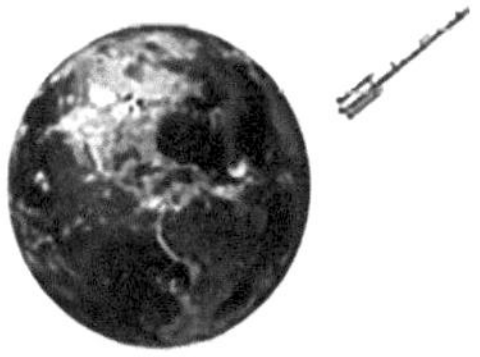 特点：上限为无穷大，下限为常数。 不同于定积分$\int_a^b f(x)\mathrm{d}x$	体会教师所介绍的素材，积极展开思考，学生在教师的引导、启发下探究问题，分组研讨	激发学生探究实际问题，感受数学在现实中的应用	2 min

续表

教学环节	教师活动	学生活动	设计意图	时间
教学过程	无穷限反常积分的定义 $\int_a^{+\infty} f(x)\,dx = \lim\limits_{t\to+\infty}\int_a^t f(x)\,dx$ $\int_{-\infty}^b f(x)\,dx = \lim\limits_{t\to-\infty}\int_t^b f(x)\,dx$ $\int_{-\infty}^{+\infty} f(x)\,dx = \int_{-\infty}^0 f(x)\,dx + \int_0^{+\infty} f(x)\,dx$ $= \lim\limits_{t\to-\infty}\int_t^0 f(x)\,dx + \lim\limits_{t\to+\infty}\int_0^t f(x)\,dx$	通过类比定积分，找出无穷限反常积分的特点，给出无穷限反常积分的定义	让学生善于发现实际中的各种问题，并把它们进行相应的分类	35 min
	无穷限反常积分的计算 $\int_a^{+\infty} f(x)\,dx = [F(x)]_a^{+\infty}$ $= \lim\limits_{x\to+\infty} F(x) - F(a)$ $\int_{-\infty}^b f(x)\,dx = [F(x)]_{-\infty}^b$ $= F(b) - \lim\limits_{x\to-\infty} F(x)$ $\int_{-\infty}^{+\infty} f(x)\,dx = [F(x)]_{-\infty}^{+\infty}$ $= \lim\limits_{x\to+\infty} F(x) - \lim\limits_{x\to-\infty} F(x)$	通过定积分的计算，类似推导出无穷限反常积分的计算方法。	一个问题的解决，可能有多种方法，因此，要学生自己尝试，发现不同方法的难易，从而拟订解决方案	
	【解决问题】万有引力势能问题 $E_p = \int_{2R}^{+\infty} -G\frac{Mm}{r^2}dr$ $= \left[G\frac{Mm}{r}\right]_{2R}^{+\infty}$ $= GMm\left(\lim\limits_{r\to+\infty}\frac{1}{r} - \frac{1}{2R}\right)$ $= -\frac{GMm}{2R}$ 地球火箭系统的万有引力势能	同学们在老师的引导下，用无穷限反常积分的知识进一步解决物理学实际问题。	激发学生探求未知的热情，鼓励学生自己找出研究结果	
小结	1. 情境引入 2. 无穷限反常积分的定义 3. 无穷限反常积分的计算 4. 无穷限反常积分的几何意义	学生积极参与课堂小结	帮助学生梳理知识点，更好地理清思路，从而掌握本次课的重点和难点	2 min

续表

教学环节	教师活动	学生活动	设计意图	时间
思考题与作业	2015年12月17日8时12分，我国在酒泉卫星发射中心用长征二号丁运载火箭成功将暗物质粒子探测卫星“悟空”发射升空，“悟空”是目前世界上观测能段范围最宽、能量分辨率最优的暗物质粒子探测卫星，超过国际上所有同类探测器。 试根据机械能守恒定律和无穷限反常积分计算：“悟空”在500 km高的太阳同步轨道运行，航天器脱离地球引力场所需的最低速度，第二宇宙速度是多少？ 	巩固所学知识	检验课堂学习效果，培养学生自主学习和探究创新的能力	2 min
课程思政	时代的骄子、民族的希望：钱学森 中国两弹一星功勋奖章获得者，被誉为“中国航天之父”“中国导弹之父”“中国自动化控制之父”和“火箭之王”。由于钱学森回国效力，中国导弹、原子弹的研制成功向前推进了至少20年。 他曾说道：“我的事业在中国，我的成就在中国，我的归宿在中国！”	倾听爱国物理学家、数学家的事迹、成就，感受他对祖国的眷念和热爱之情	用钱学森的事迹和成就激励学生努力学习、刻苦钻研，同时，对学生进行爱国主义教育，为祖国的前途而奋斗！祖国需要我们	2 min
答疑讨论	教师答疑	学生补充笔记，师生互相讨论	对所学内容做进一步的思考，探讨知识点，让学生在课堂上更好地理解数学概念	2 min

八、参考资料

[1] 同济大学数学系．高等数学[M]．北京：高等教育出版社，2014：256-262.

[2] 黄立宏．高等数学[M]．北京：北京大学出版社，2018：177-185.

[3] 李建平，曹定华．微积分[M]．上海：复旦大学出版社，2015：

192-198.

[4] 倪华，陈文霞，张玉，等．一类无穷限反常积分的敛散性及其应用[J]．高等数学研究，2017，11（6）：37-39.

[5] 王庆东．一种判定含参量无穷限反常积分非一致收敛的方法[J]．高师理科学刊，2016，1：15-19.

[6] 邵晓锋，张克新，李怡．关于无穷限反常积分的引入方法[J]．高等数学研究，2012，11（6）：31-32.

[7] 张明蕾．基于Matlab数学软件在无穷限反常积分中的应用[J]．广西职业技术学院学报，2012，6（3）：20-22.

九、教学反思

下面从教学设计、教学方式、存在问题3个方面对这节课进行反思，并提出改进措施。

（一）教学设计反思

“无穷限的反常积分”这节课以任务驱动式教学设计为主。

1. 创设情境：通过万有引力势能问题引入，激发学生的学习兴趣。

2. 确定问题：在创设的情境下，得出一个积分，不同于定积分，上限是无穷大，提出：无穷限的反常积分的概念、如何计算无穷限反常积分。

3. 自主学习、协作学习：让学生自主探索，鼓励学生相互讨论，在讨论的过程中激发出解决问题的方案。

在教学设计方面，这节课做得比较好，整条教学主线清晰，学生容易掌握主要信息。

（二）教学方式反思

1. 研讨式教学：将学生分成几个小组，各小组进行讨论、交流，培养了学生主动学习的能力。

2. 启发式教学：根据牛顿-莱布尼茨公式，通过对定积分计算的理解，启发学生思考无穷限反常积分的计算！

3. 信息化教学：借助信息化教学平台——学习通，向学生发送学习资料、进行问题探讨。

4. 多媒体演示教学：借助多媒体技术，将地球、火箭、“悟空”号等图片展现出来，可以达到问题形象化的目的，提高学生的学习兴趣。

（三）存在问题反思

1. 与无穷限反常积分相关的实际问题的挖掘还不够。

2. 课前准备资料的发放还不够。

3. 研讨式教学的深度不够：部分学生在研讨过程中找准了答案，但是还有不少学生是人云亦云，是否真的理解了问题的实质不得而知。

（四）改进措施

1. 加强与其他学科的融合，了解更多的学科知识。

2. 增加参考资料的数量，加强课前准备工作。

3. 建立研讨式教学的评价模式，促使学生真正参与到研讨式教学中。

通过这次课堂教学反思，在今后的教学中，要改进不足之处，争取更好的教学效果！

附：

教学内容

一、情境引入--2 min

研讨问题——万有引力势能问题

【PPT 课件演示】

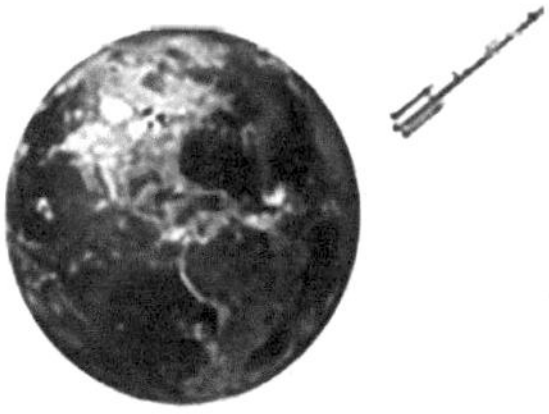

已知地球质量为 M，半径为 R，一质量为 m 的火箭从地面上升到距地面高度为 $2R$ 处，若取无穷远处势能为零。问：此时地球火箭系统的万有引力势能为多少？

【解析】 物体由于受到万有引力的作用而具有的能量，叫作引力势能。物理学中经常把无穷远处定为引力势能的零势能点。物体克服万有引力做功，做功的大小与引力势能的增加量相等。

【关键】火箭克服万有引力所做的功

$$E_p = \int_{2R}^{+\infty} -G\frac{Mm}{r^2}\mathrm{d}r$$

特点：上限为无穷大，下限为常数。

不同于定积分 $\int_a^b f(x)\,\mathrm{d}x$：上下限均为常数。

二、讲授新课------------------------------35 min

1. 无穷限反常积分的定义

【PPT 课件演示】

定义：设函数 $f(x)$ 在区间 $[a, +\infty)$ 上连续，取 $t>a$，如果极限 $\lim\limits_{t\to+\infty}\int_a^t f(x)\,\mathrm{d}x$ 存在，则称此极限为函数 $f(x)$ 在无穷区间 $[a, +\infty)$ 上的反常积分，记作 $\int_a^{+\infty} f(x)\,\mathrm{d}x$，即 $\int_a^{+\infty} f(x)\,\mathrm{d}x = \lim\limits_{t\to+\infty}\int_a^t f(x)\,\mathrm{d}x$。此时，也称反常积分收敛，如果极限不存在，则称反常积分发散。

类似地，可以定义

$$\int_{-\infty}^{b} f(x)\,\mathrm{d}x = \lim_{t\to-\infty}\int_t^b f(x)\,\mathrm{d}x$$

$$\begin{aligned}\int_{-\infty}^{+\infty} f(x)\,\mathrm{d}x &= \int_{-\infty}^{0} f(x)\,\mathrm{d}x + \int_0^{+\infty} f(x)\,\mathrm{d}x \\ &= \lim_{t\to-\infty}\int_t^0 f(x)\,\mathrm{d}x + \lim_{t\to+\infty}\int_0^t f(x)\,\mathrm{d}x\end{aligned}$$

2. 无穷限反常积分的计算

【PPT 课件演示】

设 $F(x)$ 为 $f(x)$ 在区间 $[a, +\infty)$ 上的一个原函数，若 $\lim\limits_{x\to+\infty}F(x)$ 和 $\lim\limits_{x\to-\infty}F(x)$ 存在，则

$$\int_a^{+\infty} f(x)\,\mathrm{d}x = [F(x)]_a^{+\infty} = \lim_{x\to+\infty}F(x) - F(a)$$

$$\int_{-\infty}^{b} f(x)\,\mathrm{d}x = [F(x)]_{-\infty}^{b} = F(b) - \lim_{x\to-\infty}F(x)$$

$$\int_{-\infty}^{+\infty} f(x)\,\mathrm{d}x = [F(x)]_{-\infty}^{+\infty} = \lim_{x\to+\infty}F(x) - \lim_{x\to-\infty}F(x)$$

例 1：计算无穷限反常积分 $\int_{1}^{+\infty}\frac{\mathrm{d}x}{x^{3}}$。

解：$$\int_{1}^{+\infty}\frac{\mathrm{d}x}{x^{3}}=\left[\frac{x^{-2}}{-2}\right]_{1}^{+\infty}$$
$$=-\frac{1}{2}\left(\lim_{x\to+\infty}\frac{1}{x^{2}}-1\right)$$
$$=\frac{1}{2}$$

例 2：计算无穷限反常积分 $\int_{-\infty}^{0}\mathrm{e}^{ax}\mathrm{d}x(a>0)$。

解：$$\int_{-\infty}^{0}\mathrm{e}^{ax}\mathrm{d}x=\left[\frac{\mathrm{e}^{ax}}{a}\right]_{-\infty}^{0}$$
$$=-\frac{1}{a}(1-\lim_{x\to-\infty}\mathrm{e}^{ax})$$
$$=\frac{1}{a}$$

例 3：计算无穷限反常积分 $\int_{-\infty}^{+\infty}\frac{\mathrm{d}x}{1+x^{2}}$。

解：$$\int_{-\infty}^{+\infty}\frac{\mathrm{d}x}{1+x^{2}}=[\arctan x]_{-\infty}^{+\infty}=\lim_{x\to+\infty}\arctan x-\lim_{x\to-\infty}\arctan x$$
$$=\frac{\pi}{2}-\left(-\frac{\pi}{2}\right)=\pi$$

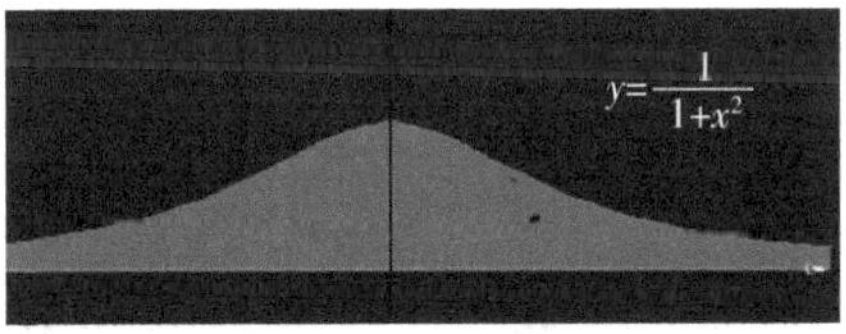

几何意义：图中灰色部分的面积

图中面积向左、向右无限延伸，但其面积却有极限值 π，其面积是位于曲线 $y=\frac{1}{1+x^{2}}$的下方，x 轴上方的图形面积。

3. 解决问题——万有引力势能问题

【PPT 课件演示】

火箭克服万有引力做功

$$\begin{aligned}E_p &= \int_{2R}^{+\infty} - G\frac{Mm}{r^2}\mathrm{d}r \\ &= \left[G\frac{Mm}{r}\right]_{2R}^{+\infty} \\ &= GMm\left(\lim_{r\to+\infty}\frac{1}{r} - \frac{1}{2R}\right) \\ &= -\frac{GMm}{2R}\end{aligned}$$

算出的结果：为地球火箭系统的万有引力势能。

三、课堂小结--2 min

1. 情境引入；
2. 无穷限反常积分的定义；
3. 无穷限反常积分的计算；
4. 无穷限反常积分的几何意义。

四、课后思考与作业布置--------------------------------2 min

2015 年 12 月 17 日 8 时 12 分，我国在酒泉卫星发射中心用长征二号丁运载火箭成功将暗物质粒子探测卫星“悟空”发射升空，卫星顺利进入预定转移轨道。此次发射任务圆满成功，标志着我国空间科学研究迈出重要一步。

这颗暗物质粒子探测卫星名为“悟空”，这是中国古典名著《西游记》中美猴王的名字。这颗卫星将在 500 km 高的太阳同步轨道运行，探测高能粒子的方向、能量和电荷。

“悟空”是目前世界上观测能段范围最宽、能量分辨率最优的暗物质粒子探测卫星，超过国际上所有同类探测器。

试根据机械能守恒定律和无穷限反常积分计算：“悟空”在 500 km 高的太阳同步轨道运行，航天器脱离地球引力场所需的最低速度，第二宇宙速度是多少？

五、课程思政--2 min

时代的骄子、民族的希望：钱学森

中国两弹一星功勋奖章获得者，被誉为“中国航天之父”“中国导弹之父”“中国自动化控制之父”和“火箭之王”。由于钱学森回国效力，中国导弹、原子弹的研制成功向前推进了至少 20 年。

他曾说道：“我的事业在中国，我的成就在中国，我的归宿在中国！”

用钱学森的事迹和成就激励学生努力学习、刻苦钻研，同时，对学生进行爱国主义教育，为祖国的前途而奋斗！祖国需要我们！

六、学生补充笔记与讨论、教师答疑--------------------2 min

第二节　“平面图形的面积”教学设计

授课题目：平面图形的面积

授课时数：45 min（1 学时）

教学课型：理论课

所属学科：数学

教　　材：同济大学数学系编，《高等数学》，高等教育出版社，2014 年 7 月

授课对象：非数学专业大学一年级本科生

一、内容分析

“平面图形的面积”是第六章“定积分的应用”的第二节，其中平面图

形面积的计算步骤和如何选取积分变量，用微元法的思想灵活地求出面积微元是本节的重点和难点。这部分内容是微元分析法学习的开端，它是一元函数微积分的一个重要的应用，是我们继续学习多元微积分的基础，同时，它是应用数学知识解决实际问题的典型知识，让学生在学习的过程中感到数学的应用价值和数学思维的美。

日常生活中，除了规则的平面图形以外，经常会遇到各种不规则的平面图形，如何求出不规则平面图形的面积，是我们需要解决的实际问题。因此，研究各种不同的平面图形的面积问题很有必要的。

二、学情分析

高等数学课程的主要内容是微积分，学生在高中阶段已经学过一部分内容，主要是一元函数的微积分，利用微元法求平面图形的面积是接触过的，但是，高中阶段学生主要是直接用公式计算一些简单的平面图形的面积。在现实生产生活中，有许多复杂的平面图形，教师通过对平面图形面积计算的分析，为学生展现微元法在一元函数微积分中的应用，并推导出平面图形面积的计算公式。

三、教学目标

［知识目标］1. 掌握如何选取积分变量有利于计算平面图形的面积；

2. 掌握求面积微元的思想和方法；

3. 掌握平面图形面积计算的步骤；

4. 了解现实生活中的平面图形的面积计算方法。

［能力目标］通过对平面图形面积计算问题的分析，培养学生运用形象思维和逻辑思维分析和解决问题的能力，并且，提高学生运用数学方法解决实际问题的能力。

［情感目标］将平面图形面积计算问题和现实中的土地测量等现实问题联系起来，让学生感受数学的直观性，领略数学的应用价值，提高学习高等数学的兴趣。

四、教学重点与难点

1. 教学重点

平面图形面积的计算步骤。

2. 教学难点

(1) 如何选取积分变量；

(2) 用微元法的思想灵活地求出面积微元。

五、教学方法

1. 综合运用讲授法、探究法、问题教学法激发学生学习兴趣。

2. 任务驱动式教学：以完成“任务”为线索，引导学生自主思考，从而寻得解决问题的方法。

3. 研讨式教学：将学生分成几个小组，各小组对教师的提问进行讨论，在教师的引导下，各小组再互相交流，从而得出最优的解决方案。

4. 启发式教学：启发学生分析问题，联系数学知识解决实际问题。

六、教学手段

1. 多媒体辅助教学：借助多媒体信息技术，加入丰富的视频、动画，使数学教学更直观、更生动，从而激发学生学习数学的兴趣。

2. 信息化教学：借助信息化教学平台——学习通，向学生发送学习资料、进行问题探讨、回答学生问题、统计回答问题情况、在线批改作业等。

3. 实物演示教学：演示实物或自制的教学模型，帮助学生理解数学问题。

七、教学过程

教学环节	教师活动	学生活动	设计意图	时间
导入新课	情境引入 北方的耕地大多是规则长方形图形，因此，在北方很容易测量耕地的面积。而南方的水田大多是不规则的平面图形  提出：如何求出这种不规则平面图形的面积呢？	体会教师所介绍的素材，积极展开思考	激发学生探究实际问题，感受数学在现实中的应用	2 min
教学过程	规则的平面图形的面积：已经学过公式 定积分的几何意义：曲边梯形的面积 $S_{曲边体积}=\int_a^b f(x)\,\mathrm{d}x$ 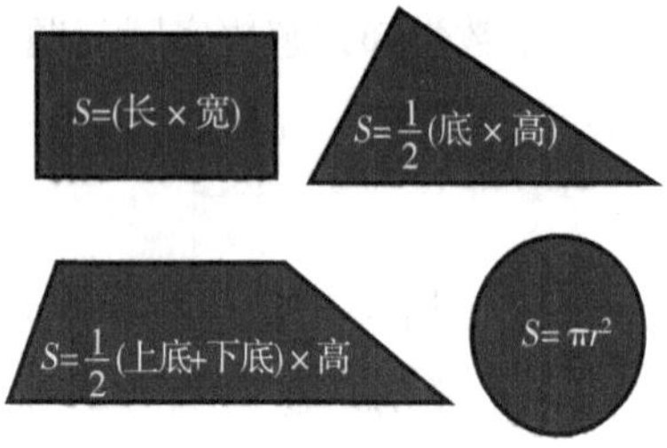 	学生在教师的引导下回顾所学知识	通过比较特殊和一般，得到解决问题的方法	35 min
	平面图形的面积：如何选取积分变量？ 关键：积分区域的形状	学生在教师的讲解下观察、思考	通过多媒体演示和平面图形的分析，找出相同点和区别	
	平面图形的面积计算步骤： (1) 作图，求出交点坐标 (2) 选取积分变量（x 或 y） (3) 求出面积微元 (4) 求出面积	自主思考 计算步骤	培养学生归纳数学知识的能力	

续表

教学环节	教师活动	学生活动	设计意图	时间
教学过程	【实际应用】水田的面积 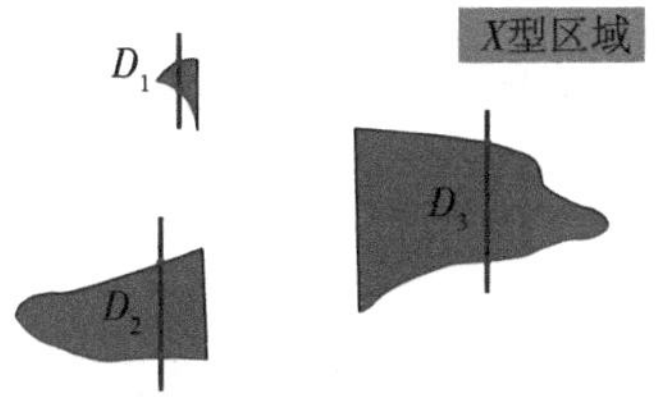 $S = S_1 + S_2 + S_3$	思考如何利用面积微元解决问题	培养学生自主探究能力与创新能力	
小结	1. 提出问题——水田的面积 2. 平面图形的面积（选取 x 为积分变量） 3. 平面图形的面积（选取 y 为积分变量） 4. 实际应用	学生积极参与课堂小结	帮助学生梳理知识点，更好地理清思路，从而掌握本次课的重点和难点	2 min
思考题与作业	1. 求由 $y = \frac{1}{x^2}$，$y = x$ 和 $x = 2$ 所围成图形的面积 2. 求八叶玫瑰线所围图形的面积 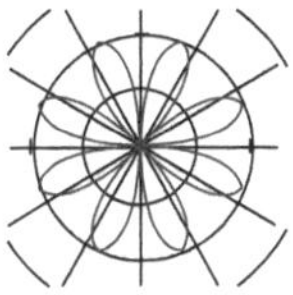	巩固所学知识	检验课堂学习效果，培养学生自主学习和探究创新的能力	2 min
课程思政	中国著名数学家：苏步青 中国微分几何学派创始人，被誉为“东方国度上灿烂的数学明星”“东方第一几何学家”“数学之王”。 他曾说道：“爱祖国，为祖国的前途而奋斗，是时代赋予我们的神圣职责！”	倾听爱国数学家的事迹、成就，感受爱国数学家对祖国的热爱之情	用爱国数学家的事迹和成就激励学生努力学习、刻苦钻研，同时，对学生进行爱国主义教育，为祖国的前途而奋斗	2 min
答疑讨论	教师答疑	学生补充笔记，师生互相讨论	对所学内容做进一步的思考，探讨知识点，让学生在课堂上更好地理解数学概念	2 min

八、参考资料

[1] 同济大学数学系．高等数学[M]．北京：高等教育出版社，2014：274-280.

[2] 黄立宏．高等数学[M]．北京：北京大学出版社，2018：186-193.

[3] 李建平，曹定华．微积分[M]．上海：复旦大学出版社，2015：181-185.

[4] 黄永忠，刘继成．平面图形面积计算公式的注记[J]．大学数学，2018，2（1）：100-105.

[5] 胡娟娟．用祖暅原理求平面图形面积[J]．数学教学通讯（下旬），2016，4：63-64.

[6] 周光亚，黄子堃．参数方程的曲线所围平面图形面积的讨论[J]．西安工程大学学报，2013，6（3）：408-412.

九、教学反思

“平面图形的面积”这节课采取了任务驱动式教学，从创设情境、确定问题、自主学习、协作学习、效果评价等方面展开，还采取了研讨式教学、启发式教学、信息化教学、实物演示教学。这一节课是定积分应用的知识点，课程的讲解从南方的水田面积的测量开始，激发了学生学习这一节课的热情和兴趣。利用微元分析法求面积元素是整节课的关键，在教学的过程中，没有让学生去记书上的公式，而是启发学生学会取出面积微元，学会灵活选择积分变量，在无限细分的前提下，用规则的小矩形的面积代替不规则的平面图形的面积！

这节课主要存在的问题：

1. 与平面图形的面积相关的实际问题的挖掘还不够。

2. 课前准备资料的发放还不够。

3. 研讨式教学的深度不够：部分学生在研讨过程中找准了答案，但是还有不少学生是人云亦云，是否真的理解了问题的实质不得而知。

改进措施：

1. 加强与其他学科的融合，了解更多的学科知识。

2. 增加参考资料的数量，加强课前准备工作。

3. 建立研讨式教学的评价模式，促使学生真正参与到研讨式教学中。

通过这次课堂教学反思，在今后的教学中，要改进不足之处，争取更好的教学效果！

附：

教学内容

一、情境引入--2 min

我们都知道，北方的耕地大多是规则长方形图形，因此，在北方很容易测量耕地的面积。而南方的水田大多是不规则的平面图形，那么，如何求出这样的不规则平面图形的面积呢？

【实物演示】

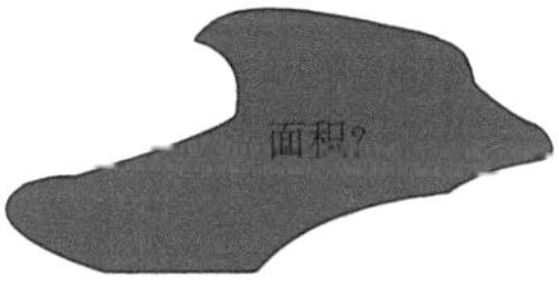

二、讲授新课---35 min

1. 规则的平面图形的面积

【PPT 课件演示】

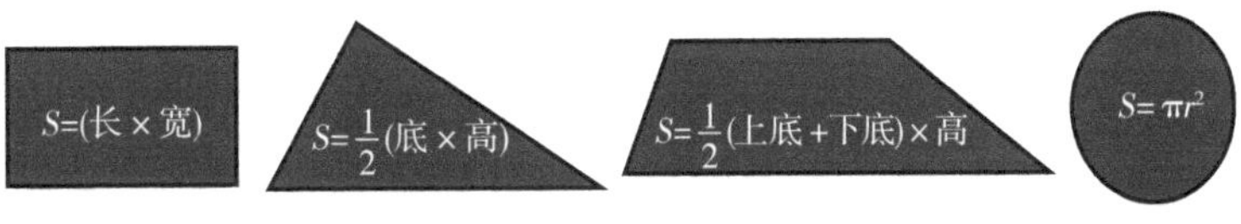

2. 定积分的几何意义：曲边梯形的面积

$$S_{曲边体积}=\int_a^b f(x)\,\mathrm{d}x$$

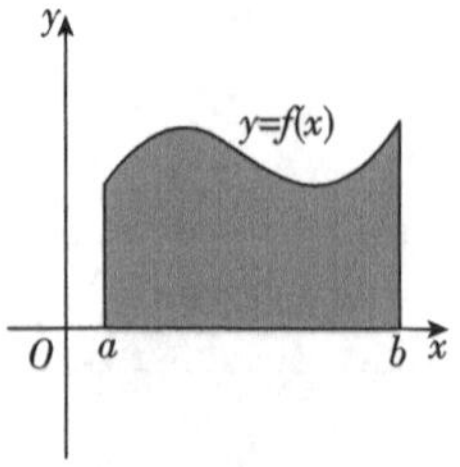

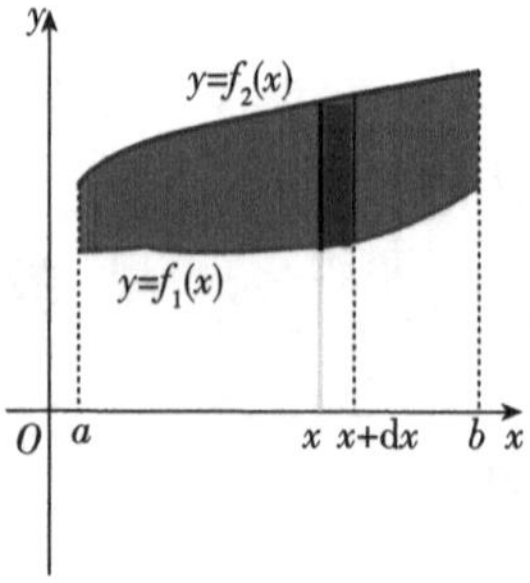

3. 平面图形的面积——选取 *x* 为积分变量

【PPT 课件演示】

面积微元=小矩形的面积

面积微元=高·底

$$\mathrm{d}S=(y_2-y_1)\,\mathrm{d}x$$

$$\mathrm{d}S=[f_2(x)-f_1(x)]\,\mathrm{d}x$$

平面图形的面积

$$S=\int_a^b[f_2(x)-f_1(x)]\,\mathrm{d}x$$

例 1：计算由两条抛物线所围成的图形的面积。

【PPT 课件演示】

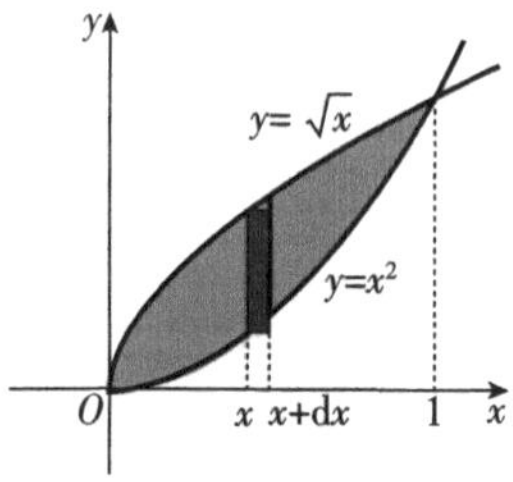

解：因为 $\mathrm{d}S=[f_2(x)-f_1(x)]\,\mathrm{d}x$

$$\mathrm{d}S=(\sqrt{x}-x^2)\,\mathrm{d}x$$

所以 $S=\int_0^1(\sqrt{x}-x^2)\,\mathrm{d}x$

$$=\left[\frac{2}{3}x^{\frac{3}{2}}-\frac{x^3}{3}\right]_0^1$$

$$=\frac{1}{3}$$

【实物演示】

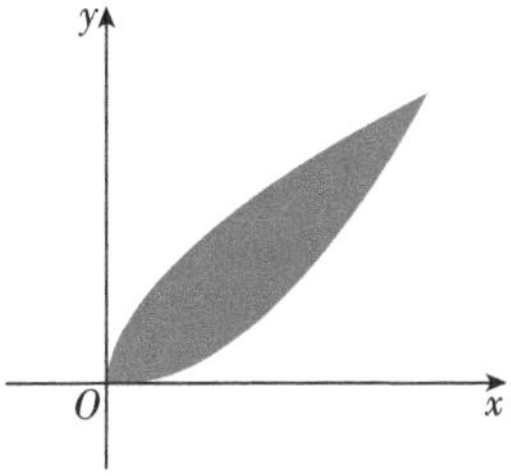

4. 平面图形的面积——选取 y 为积分变量

【PPT 课件演示】

面积微元=小矩形的面积

面积微元=底·高

$$dS=(x_2-x_1)dy$$

$$dS=[\varphi_2(y)-\varphi_1(y)]dy$$

平面图形的面积

$$S=\int_c^d \varphi_2(y)-\varphi_1(y)]dy$$

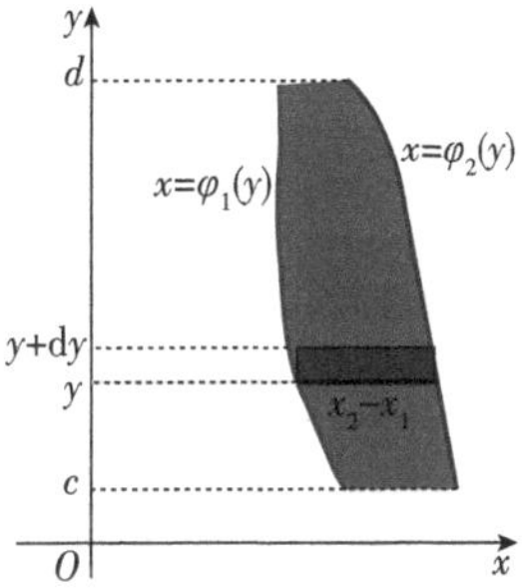

例 2：计算由曲线 $y=x^3$、直线 $y=1$、直线 $y=-x+3$ 和 x 轴所围成的图形的面积。

【PPT 课件演示】

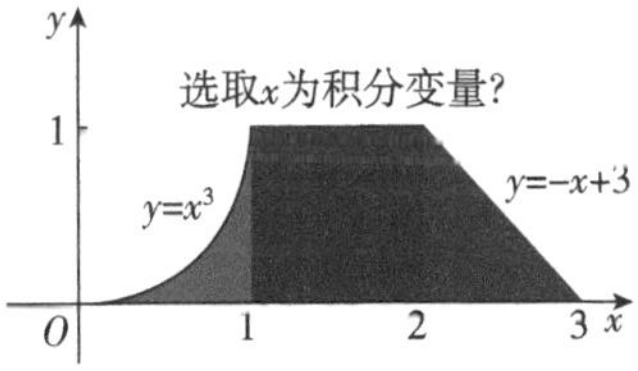

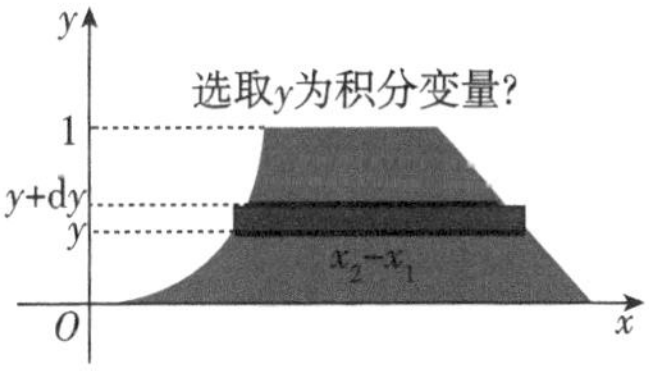

解：$dS=(x_2-x_1)dy$

$dS=[\varphi_2(y)-\varphi_1(y)]dy$

$dS=[(-y+3)-\sqrt[3]{y}]dy$

$dS=[(-y+3)-\sqrt[3]{y}]dy$

$S=\int_0^1[(-y+3)-\sqrt[3]{y}]=[\frac{y^2}{2}+3y-\frac{3}{4}y^{\frac{4}{3}}]_0^1=\frac{7}{4}$

例 3：求由抛物线 $y^2=4x$ 与直线 $x+y=3$ 所围成的图形的面积。

解：$y^2=4x$ 与 $x+y=3$ 的交点为（9，－6）和（1，2）在 $-6\leqslant y\leqslant 2$ 时，图形的左边界为 $x=\frac{y^2}{4}$，右边界为 $x=3-y$

$$\therefore A=\int_{-6}^{2}[3-y-\frac{y^2}{4}]\mathrm{d}y=\left[3y-\frac{y^2}{2}-\frac{y^3}{12}\right]_{-6}^{2}=\frac{64}{3}$$

例 4：求椭圆 $\frac{x^2}{a^2}+\frac{y^2}{b^2}=1$ 的面积。

解：由对称性 $A=4A_1$，A_1 是椭圆在第一象限部分面积，在这一部分 $x\in[0,a]$ 上边界为 $y=b\sqrt{1-\frac{x^2}{a^2}}$，下边界为 $y=0$

$$\therefore A=4\int_0^a b\sqrt{1-\frac{x^2}{a^2}}\mathrm{d}x$$

令 $x=a\sin t$，则 $\sqrt{1-\frac{x^2}{a^2}}=\cos t$，$\mathrm{d}x=a\cos t\mathrm{d}t$

$$A=4\int_0^{\frac{\pi}{2}}b\cos t\cdot a\cos t\mathrm{d}t=4ab\left[\frac{t}{2}+\frac{1}{4}\sin 2t\right]_0^{\frac{\pi}{2}}=\pi ab$$

5. 平面图形的面积计算步骤

（1）作图，求出交点坐标；

（2）选取积分变量（x 或 y）；

（3）求出面积微元；

（4）求出面积。

6. 实际应用——水田的面积

【PPT 课件演示】

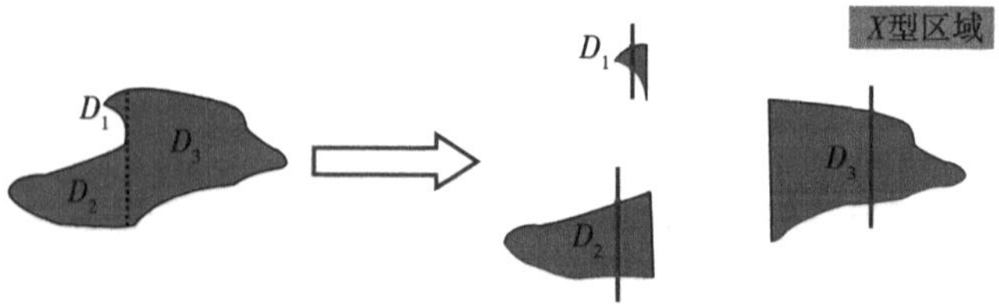

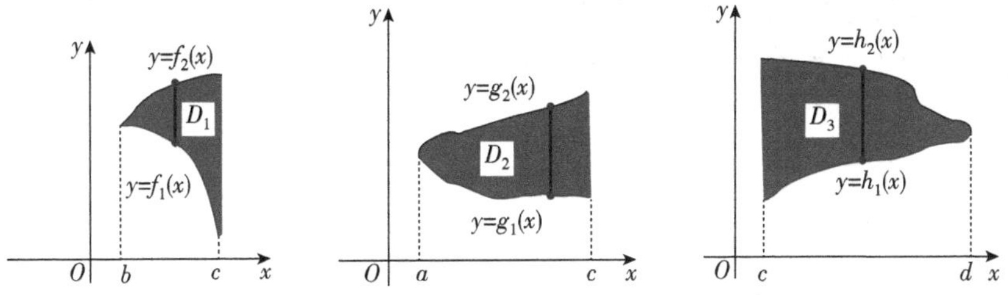

$S_1=\int_b^c[f_2(x)-f_1(x)]\mathrm{d}x$　　$S_2=\int_a^c[g_2(x)-g_1(x)]\mathrm{d}x$　　$S_3=\int_c^d[h_2(x)-h_1(x)]\mathrm{d}x$

$$S=S_1+S_2+S_3$$

三、课堂小结------2 min

1. 提出问题——水田的面积；
2. 平面图形的面积（选取 x 为积分变量）；
3. 平面图形的面积（选取 y 为积分变量）；
4. 实际应用。

四、课后思考与作业布置------2 min

1. 求由 $y=\dfrac{1}{x^2}$，$y=x$ 和 $x=2$ 所围成图形的面积。
2. 求八叶玫瑰线所围图形的面积。

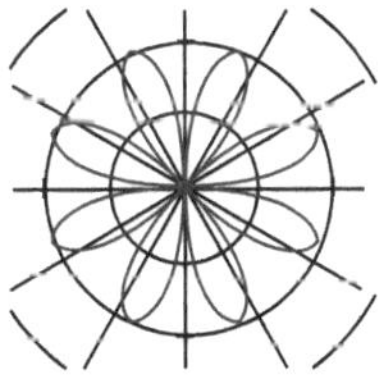

五、课程思政------2 min

中国著名数学家：苏步青。

中国微分几何学派创始人，被誉为“东方国度上灿烂的数学明星”“东方第一几何学家”“数学之王”。

他曾说道：“爱祖国，为祖国的前途而奋斗，是时代赋予我们的神圣职责！”

用爱国数学家的事迹和成就激励学生努力学习、刻苦钻研，同时，对学生进行爱国主义教育，为祖国的前途而奋斗！

六、学生补充笔记与讨论、教师答疑--------------------2 min

第三节 “旋转体的体积”教学设计

授课题目：旋转体的体积

授课时数：45 min（1 学时）

教学课型：理论课

所属学科：数学

教　　材：同济大学数学系编，《高等数学》，高等教育出版社，2014 年 7 月

授课对象：非数学专业大学一年级本科生

一、内容分析

“旋转体的体积”是第六章“定积分的应用”的第二节，其中旋转体体积的计算步骤和如何选取积分变量，用微元法的思想灵活地求出体积微元是本节的重点和难点。这部分内容是在学习完平面图形的面积以后的另一个重要的知识点，是掌握微元分析法的关键，它是一元函数微积分的一个重要应用，是我们继续学习多元微积分的基础，同时，它是应用数学知识解决实际问题的典型知识，让学生在学习的过程中感到数学的应用价值、数学图形的美、数学思维的艺术。

日常生活中，比如：花瓶、陀螺、建筑物的屋顶、火箭头等，这些都是旋转体，大量的旋转体和我们的生活息息相关。在现实问题中，我们经常要求出旋转体的体积，因此，研究旋转体的体积问题是很有必要的。

二、学情分析

高等数学课程的主要内容是微积分，学生在高中阶段已经学过一部分内容了，对于一元函数积分的知识，在高中阶段接触过一点，但是旋转体的体积这

一问题没有学过。现实生活中有许多旋转结构的物体，教师通过对这些物体体积的计算，恰当地引入旋转体体积的知识，并用微元分析法解决体积问题。

三、教学目标

[知识目标] 1. 了解旋转体的定义，对旋转体的形成过程和图形的特点有一个形象的认识；

2. 理解求体积微元的思想和方法；

3. 掌握旋转体体积计算的步骤；

4. 掌握绕 x 轴和 y 轴旋转的体积微元的区别；

5. 掌握绕平行于坐标轴的直线旋转的体积微元的构造和计算；

6. 了解现实生活中的旋转体的体积计算方法。

[能力目标] 通过对旋转体的体积计算问题的分析，培养学生运用形象思维和逻辑思维分析和解决问题的能力。通过对体积微元结构的分析，培养学生对于图形的形象理解和想象能力。通过旋转体体积的计算，还有助于学生计算能力的提高。并且，通过计算现实物体的体积，提高了学生运用数学方法解决实际问题的能力。

[情感目标] 将旋转体的体积计算问题和生活中的物体体积问题联系起来，让学生感受数学的直观性，领略数学的应用价值，提高学习高等数学的兴趣。

四、教学重点与难点

1. 教学重点

旋转体的计算步骤。

2. 教学难点

（1）如何选取积分变量；

（2）用微元法的思想灵活地求出旋转体的体积微元。

五、教学方法

1. 综合运用讲授法、探究法、问题教学法激发学生学习兴趣。

2. 任务驱动式教学：以完成“任务”为线索，引导学生自主思考，从而寻得解决问题的方法。

3. 研讨式教学：将学生分成几个小组，各小组对教师的提问进行讨论，在教师的引导下，各小组再互相交流，从而得出最优的解决方案。

4. 启发式教学：启发学生分析问题，联系数学知识解决实际问题。

六、教学手段

1. 多媒体辅助教学：借助多媒体信息技术，加入丰富的视频、动画，使数学教学更直观、更生动，从而激发学生学习数学的兴趣。

2. 信息化教学：借助信息化教学平台——学习通，向学生发送学习资料、进行问题探讨、回答学生问题、统计回答问题情况、在线批改作业等。

3. 实物演示教学：演示实物或自制的教学模型，帮助学生理解数学问题。

七、教学过程

教学环节	教师活动	学生活动	设计意图	时间
导入新课	情境引入 从已知的圆柱、圆锥、圆台的体积公式出发 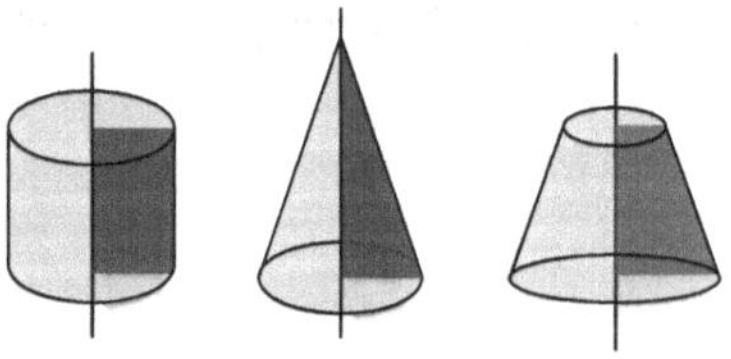 提出：一般的旋转体的体积应该如何计算？ 	体会教师所介绍的素材，积极展开思考	激发学生探究实际问题，使学生了解旋转体的现实背景，感受数学在现实中的应用	2 min

续表

教学环节	教师活动	学生活动	设计意图	时间
教学过程	旋转体的体积——旋转轴为 x 轴 体积微元(竖放的圆柱薄片) =圆柱薄片的体积 =侧面积 · 厚度 $\mathrm{d}V_x = \pi y^2 \cdot \mathrm{d}x$ $\mathrm{d}V_x = \pi [f(x)]^2 \cdot \mathrm{d}x$	学生在教师的引导、启发下探究问题	通过多媒体演示和立体图形的分析，启发学生找出体积微元	35 min
	旋转体的体积——旋转轴为 y 轴 体积微元(横放的圆柱薄片) =圆柱薄片的体积 =底面积 · 高 $\mathrm{d}V_y = \pi x^2 \cdot \mathrm{d}y$ $\mathrm{d}V_y = \pi [\varphi(y)]^2 \cdot \mathrm{d}y$	学生在教师的讲解下观察、思考	通过多媒体演示和立体图形的分析，启发学生找出体积微元	
	选择积分变量： (1) 正确、快速地判断 (2) 立体图形的感知	学生通过观察，区分两种积分变量的选取	拓展学生知识面，培养学生创新意识与能力	
	旋转体的体积——旋转轴平行于坐标轴 体积微元=圆环面积 · 高	继续思考体积微元的结构	培养学生自主探究能力与创新能力	
	【实际应用】 游泳圈的体积计算 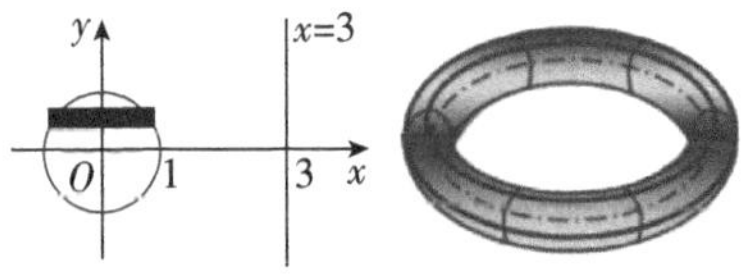	观看多媒体动画	形象感知 形成过程	
小结	1. 旋转体的定义 2. 旋转体的体积（旋转轴为坐标轴） 3. 旋转体的体积（旋转轴平行于坐标轴） 4. 实际应用	学生积极参与课堂小结	帮助学生梳理知识点，更好地理清思路，从而掌握本次课的重点和难点	2 min

续表

教学环节	教师活动	学生活动	设计意图	时间
思考题与作业	1. 求由曲线 $y=\arcsin x$，$x=1$，$y=0$ 所围成的图形绕 x 轴旋转产生的旋转体的体积 2. 求曲线 $y=x^2$，$x=y^2$ 所围成的图形绕 x 轴旋转产生的旋转体的体积 3. 请求出下图所示物体的体积 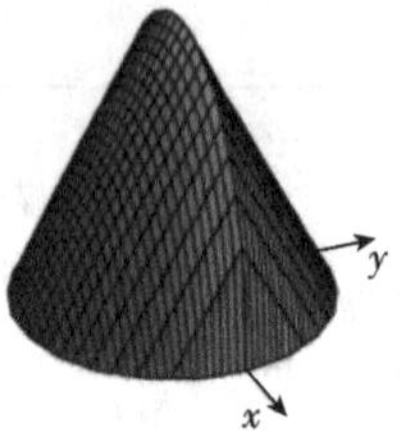	巩固所学知识	检验课堂学习效果，培养学生自主学习和探究创新的能力	2 min
课程思政	中国著名数学家：苏步青 中国微分几何学派创始人，被誉为“东方国度上灿烂的数学明星”“东方第一几何学家”“数学之王”。 他曾说道：“爱祖国，为祖国的前途而奋斗，是时代赋予我们的神圣职责！”	倾听爱国数学家的事迹、成就，感受爱国数学家对祖国的热爱之情	用爱国数学家的事迹和成就激励学生努力学习、刻苦钻研，同时，对学生进行爱国主义教育，为祖国的前途而奋斗	2 min
答疑讨论	教师答疑	学生补充笔记，师生互相讨论	对所学内容做进一步的思考，探讨知识点，让学生在课堂上更好地理解数学概念	2 min

八、参考资料

[1] 同济大学数学系．高等数学[M]．北京：高等教育出版社，2014：274-282.

[2] 黄立宏．高等数学[M]．北京：北京大学出版社，2018：194-196.

[3] 李建平，曹定华．微积分[M]．上海：复旦大学出版社，2015：185-187.

[4] 陈凌．旋转体体积的一个积分公式[J]．贵阳学院学报（自然科学

版)，2013，6（2）：11-12.

［5］孙成金，张建军，李战国．旋转轴为任意直线时旋转体体积的计算［J］．河南教育学院学报（自然科学版），2015，12（4）：62-64.

［6］朱华，赵建彬．关于柱壳法求旋转体体积推导过程的注记［J］．高等数学研究，2018，11（6）：3-4.

九、教学反思

“旋转体的体积”这一节课是定积分应用的知识点，课程的讲解从规则立体体积到类似于花瓶的物体的体积，引发了学生的思考。通过分析，其实旋转体体积的计算类似于平面图形面积的计算，也是要利用微元分析法，不同之处在于，一个是求面积，一个是求体积，看似不同的问题其实数学思想却十分相近。在无限细分的前提下，用规则的小圆柱体的体积代替不规则的薄片的体积，从而求出体积元素，体积就是相应的定积分了，问题也就得到了解决。

本次课通过挖掘数学问题、解决数学问题为实际生产和生活服务。从课程设计上来看，提出问题—分析问题—阐明数学概念—用数学知识解决实际问题—再进一步提出问题，留待学生思考和解决，充分体现了四步循环法的作用。采取了任务驱动式教学，从创设情境、确定问题、自主学习、协作学习、效果评价等方面展开，还采取了研讨式教学、启发式教学、信息化教学、实物演示教学。

这节课主要存在的问题：

1. 与旋转体的体积相关的实际问题的挖掘还不够。

2. 课前准备资料的发放还不够。

3. 研讨式教学的深度不够：部分学生在研讨过程中找准了答案，但是还有不少学生是人云亦云，是否真的理解了问题的实质不得而知。

改进措施：

1. 加强与其他学科的融合，了解更多的学科知识。

2. 增加参考资料的数量，加强课前准备工作。

3. 建立研讨式教学的评价模式，促使学生真正参与到研讨式教学中。

通过这次课堂教学反思，在今后的教学中，要改进不足之处，争取更好的教学效果！

附：

教学内容

一、情境引入--2 min

我们知道，矩形绕它的一条边旋转形成圆柱、直角三角形绕它的一条直角边旋转一周形成圆锥、直角梯形绕它的一条直角边旋转一周形成圆台，这些立体的体积公式我们在中学时已经学过了，而平面上一个不规则的平面图形绕其平面内的一条直线旋转一周所形成的旋转体的体积应该如何计算？

【实物演示】

二、讲授新课--35 min

1. 旋转体的定义

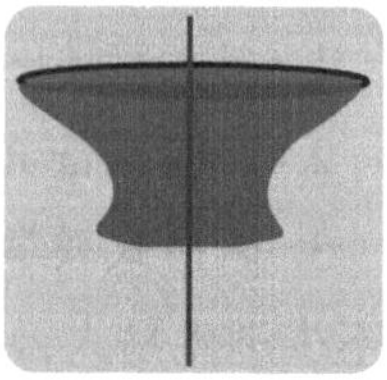

一个平面图形绕所在平面内一条定直线旋转一周而成的几何体叫作旋转体。

该定直线叫作旋转轴。

(1) 特殊旋转体

【PPT 课件演示】

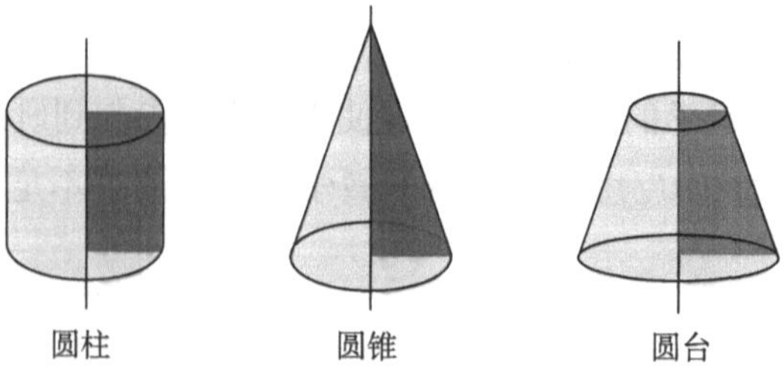

（2）提出问题：一般的旋转体的体积如何计算？

【PPT 实物演示】

2. 旋转体的体积——旋转轴为坐标轴

（1）旋转轴为 x 轴

【PPT 课件演示】

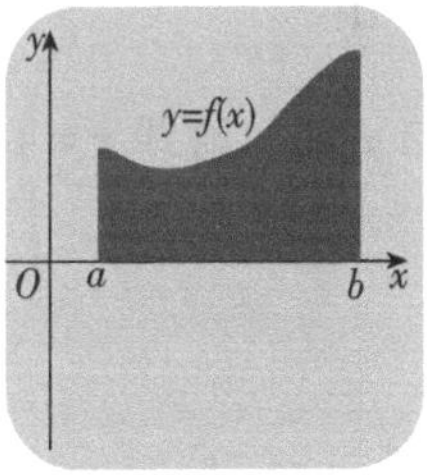

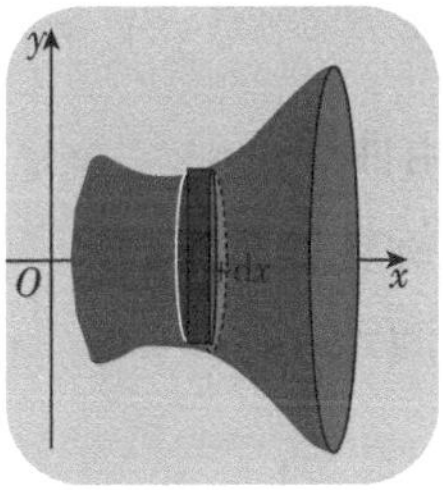

体积微元 = 圆柱薄片的体积 = 侧面积 · 厚度

$$dV_x = \pi R^2 \cdot dx$$

$$dV_x = \pi y^2 \cdot dx$$

$$dV_x = \pi[f(x)]^2 \cdot dx$$

旋转体的体积

$$V_x = \int_a^b \pi[f(x)]^2 dx$$

（2）旋转轴为 y 轴

【PPT 课件演示】

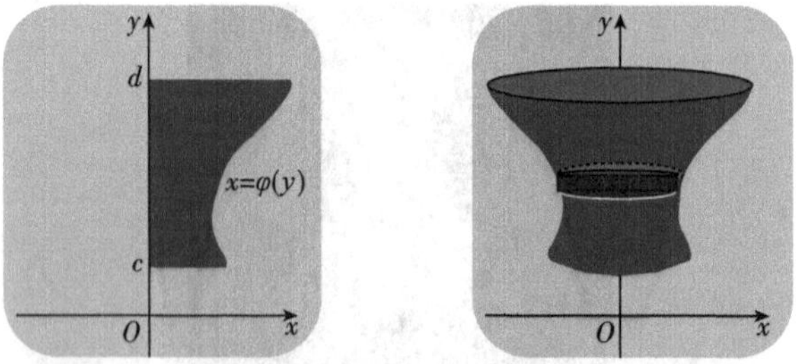

体积微元=圆柱薄片的体积=底面积 · 高

$$\mathrm{d}V_y = \pi R^2 \cdot \mathrm{d}y$$

$$\mathrm{d}V_y = \pi x^2 \cdot \mathrm{d}y$$

$$\mathrm{d}V_y = \pi [\varphi(y)]^2 \cdot \mathrm{d}y$$

旋转体的体积

$$V_y = \int_c^d \pi [\varphi(y)]^2 \mathrm{d}y$$

例 1：计算由曲线 $y = x^2$，$x \in [0, 1]$ 与 x 轴、直线 $x = 1$ 围成的图形绕 x 轴旋转一周所成旋转体的体积。

【PPT 动画演示】

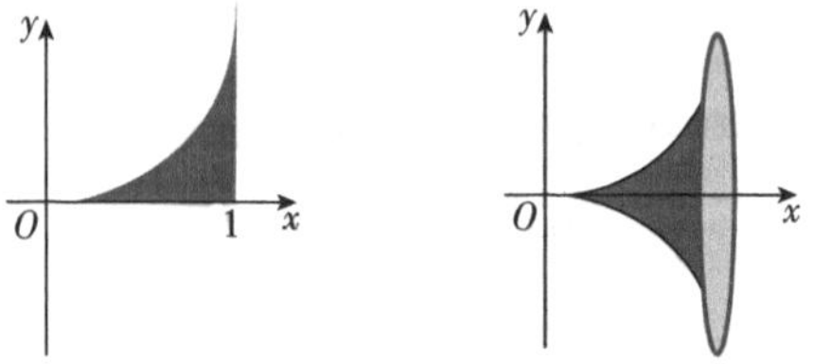

解：因为 $\mathrm{d}V_x = \pi y^2 \cdot \mathrm{d}x$

$$\mathrm{d}V_x = \pi (x^2)^2 \cdot \mathrm{d}x$$

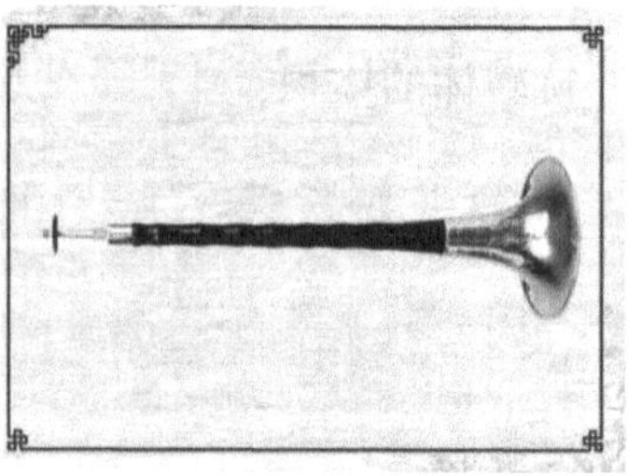

所以 $V_x = \int_0^1 \pi (x^2)^2 \mathrm{d}x$

$$= \int_0^1 \pi x^4 \mathrm{d}x$$

$$= \frac{\pi}{5} x^5 \Big|_0^1 = \frac{\pi}{5}$$

例 2：从半径为 R 的球体上截取一个高为 h 的球冠，求球冠的体积。

解：此球冠可以看成是平面图形：$R-h\leqslant x\leqslant R$，$0\leqslant y\leqslant \sqrt{R^2-x^2}$ 绕 x 轴的旋转体，故：$V_x=\pi\int_{R-h}^{R}(\sqrt{R^2-x^2})\mathrm{d}x=\pi\left[R^2x-\dfrac{x^3}{3}\right]_{R-h}^{R}=\pi\left(R-\dfrac{h}{3}\right)h^2$

当 $h=2R$ 时，即得球体积公式 $V=\dfrac{4}{3}\pi R^3$

例 3：求由 $y=\dfrac{1}{2}(\mathrm{e}^{x}+\mathrm{e}^{-x})$，$x=0$，$x=1$，$y=0$ 所围成的图形绕 x 轴的旋转体体积。

解：$V_x=\pi\int_0^1\left[\dfrac{1}{2}（\mathrm{e}^x+\mathrm{e}^{-x}）\right]^2\mathrm{d}x=\dfrac{\pi}{4}\left[\dfrac{1}{2}\mathrm{e}^{2x}+2-\dfrac{1}{2}\mathrm{e}^{-2x}\right]_0^1=\dfrac{\pi}{8}（\mathrm{e}^2-\mathrm{e}^{-2}+4）$

例 4：计算由曲线 $y=x^2$，$x\in[0,1]$ 与 x 轴、直线 $x=1$ 围成的图形绕 y 轴旋转一周所成旋转体的体积。

【PPT 动画演示】

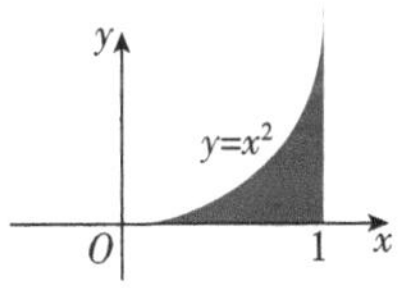

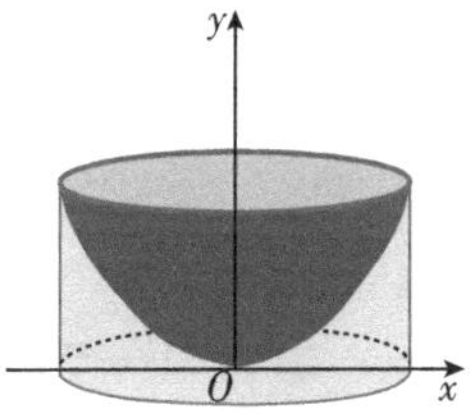

解：因为 $\mathrm{d}V_y=\pi x^2\cdot\mathrm{d}y$

$\mathrm{d}V_y=\pi y\cdot\mathrm{d}y$

所以 $V_y=\int_0^1\pi y\mathrm{d}y$

$=\dfrac{\pi}{2}y^2\big|_0^1$

$=\dfrac{\pi}{2}$

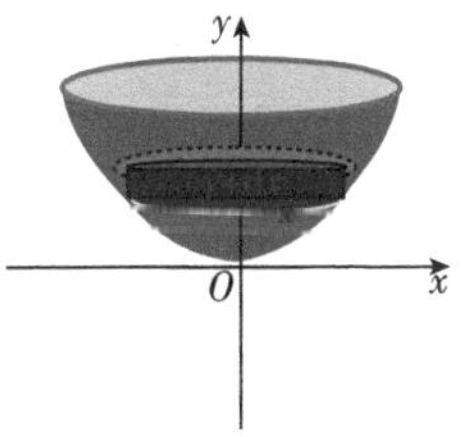

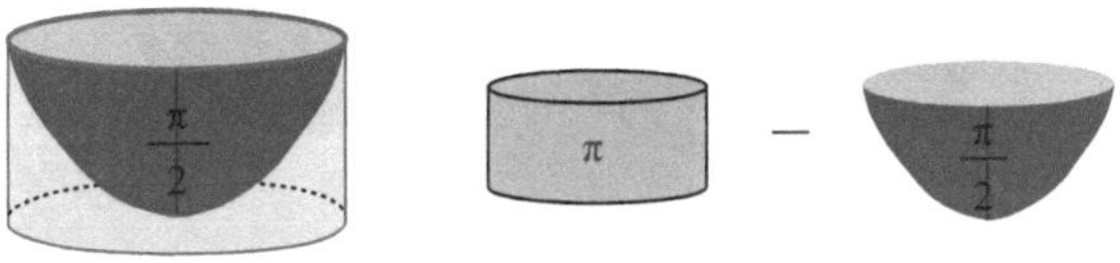

3. 选择积分变量的方法

旋转轴	积分变量	积分区间	体积微元	形状
x 轴	x	$[x,\ x+\mathrm{d}x]$	$\mathrm{d}V_x=\pi[f(x)]^2\cdot\mathrm{d}x$	竖放的圆柱薄片
y 轴	y	$[y,\ y+\mathrm{d}y]$	$\mathrm{d}V_y=\pi[\varphi(y)]^2\cdot\mathrm{d}y$	横放的圆柱薄片

4. 旋转体的体积——旋转轴平行于坐标轴

例 5：计算圆 $x^2+y^2=1$ 绕 $x=3$ 旋转一周所成旋转体的体积。

【PPT 动画演示】

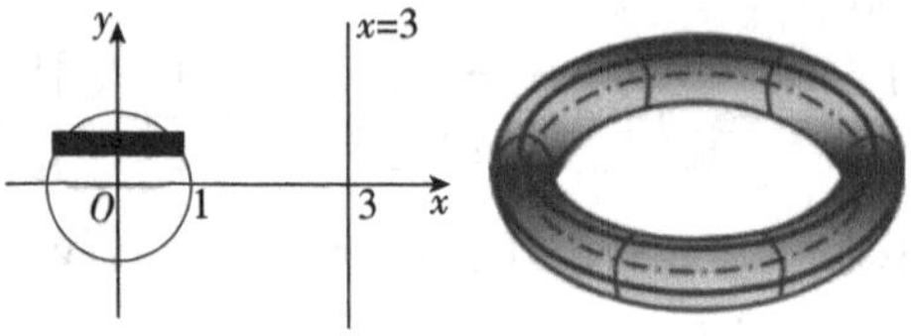

解：体积微元=圆环面积 · 高

$$\mathrm{d}V_y=(S_{大圆}-S_{小圆})\mathrm{d}y$$

$$\mathrm{d}V_y=(\pi R_2{}^2-\pi R_1{}^2)\mathrm{d}y$$

$$\mathrm{d}V_y=[\pi(3+\sqrt{1-y^2})^2-\pi(3-\sqrt{1-y^2})^2]\mathrm{d}y$$

$$\mathrm{d}V_y=12\pi\sqrt{1-y^2}\,\mathrm{d}y$$

所以 $V_y=\int_0^1 12\pi\sqrt{1-y^2}\,\mathrm{d}y$

$V_y=\int_0^{\frac{\pi}{2}} 12\pi\sqrt{1-(\sin t)^2}\,\mathrm{d}(\sin t)$

$=3\pi^2$

5. 实际应用

游泳圈的体积计算。

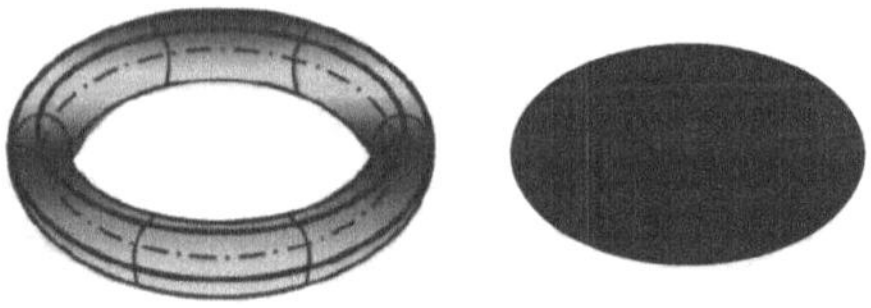

三、课堂小结--------------------2 min

1. 旋转体的定义；
2. 旋转体的体积（旋转轴为坐标轴）；
3. 旋转体的体积（旋转轴平行于坐标轴）；
4. 实际应用。

四、课后思考与作业布置--------------------2 min

1. 求由曲线 $y = \arcsin x$，$x = 1$，$y = 0$ 所围成的图形绕 x 轴旋转产生的旋转体的体积。

2. 求由曲线 $y = x^2$，$x = y^2$ 所围成的图形绕 x 轴旋转产生的旋转体的体积。

3. 请求出下图所示物体的体积。

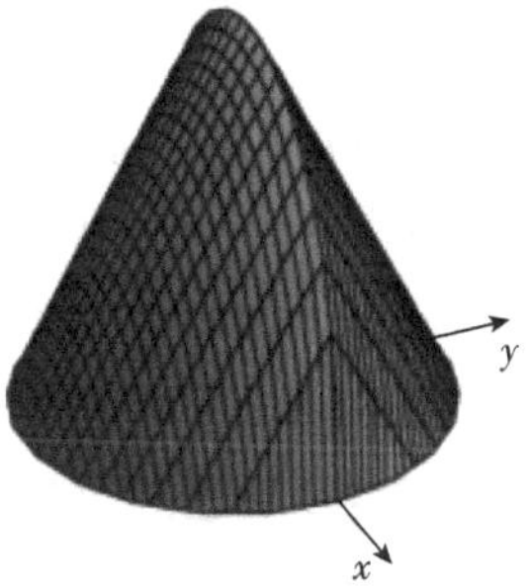

五、课程思政--------------------2 min

中国著名数学家：苏步青。

中国微分几何学派创始人，被誉为“东方国度上灿烂的数学明星”“东方第一几何学家”“数学之王”。

他曾说道：“爱祖国，为祖国的前途而奋斗，是时代赋予我们的神圣职责！”

用爱国数学家的事迹和成就激励学生努力学习、刻苦钻研，同时，对学生进行爱国主义教育，为祖国的前途而奋斗！

六、学生补充笔记与讨论、教师答疑--------------------2 min

第四节 “平行截面面积为已知的立体的体积”教学设计

授课题目：平行截面面积为已知的立体的体积
授课时数：45 min（1 学时）
教学课型：理论课
所属学科：数学
教　　材：同济大学数学系编，《高等数学》，高等教育出版社，2014 年 7 月
授课对象：非数学专业大学一年级本科生

一、内容分析

“平行截面面积为已知的立体的体积”是第六章“定积分的应用”的第二节中的内容，其中平行截面面积为已知的立体的体积的推导、用微元法的思想求出体积微元和针对具体实物，建立坐标系，求出体积是本节的重点和难点。这部分内容是微元分析法在一元积分中的应用，它是旋转体体积的推广，同时，它也是应用数学解决实际问题的典型知识，让学生在学习的过程中感受到数学的应用价值。

二、学情分析

高等数学课程的主要内容是微积分，学生在高中阶段已经学过一部分内容了，简单的一元函数的积分和应用，学生是接触过的，但是，体积的计算，在高中阶段没有学过。平行截面面积为已知的立体的体积问题有一定的难度。但是，由于现实生产生活中有许多物体具有这个特性，我们经常需要知道它们的体积，因此，学习这一节的内容是非常有必要的。

三、教学目标

［知识目标］1. 掌握平行截面面积为已知的立体的体积公式；

2. 深刻理解微元分析法在体积推导中的应用；
3. 了解现实生活中的相关物体体积的计算方法。

[能力目标] 通过对平行截面面积为已知的立体的分析，培养学生运用形象思维和逻辑思维分析和解决问题的能力，并且，提高学生运用数学方法解决实际问题的能力。

[情感目标] 通过平行截面面积为已知的立体体积的计算分析，让学生感受数学的直观性，领略数学的应用价值，提高学习高等数学的兴趣。

四、教学重点与难点

1. 教学重点

平行截面面积为已知的立体的体积的推导。

2. 教学难点

（1）如何用微元法的思想求出体积微元；

（2）如何针对具体实物，建立坐标系，求出体积。

五、教学方法

1. 综合运用讲授法、探究法、问题教学法激发学生学习兴趣。

2. 任务驱动式教学：以完成“任务”为线索，引导学生自主思考，从而寻得解决问题的方法。

3. 研讨式教学：将学生分成几个小组，各小组对教师的提问进行讨论，在教师的引导下，各小组再互相交流，从而得出最优的解决方案。

4. 启发式教学：启发学生分析问题，联系数学知识解决实际问题。

六、教学手段

1. 多媒体辅助教学：借助多媒体信息技术，加入丰富的视频、动画，使数学教学更直观、更生动，从而激发学生学习数学的兴趣。

2. 信息化教学：借助信息化教学平台——学习通，向学生发送学习资料、进行问题探讨、回答学生问题、统计回答问题情况、在线批改作业等。

3. 实物演示教学：演示实物或自制的教学模型，帮助学生理解数学问题。

七、教学过程

教学环节	教师活动	学生活动	设计意图	时间
导入新课	回顾知识 （1）旋转体的体积 （2）微元法 情境引入 【研讨题】正劈锥体的体积 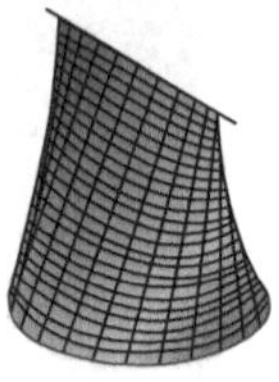 底　半径为 R 的圆 顶　平行且等于底圆直径的线段 高　h	体会教师所介绍的素材，积极展开思考	激发学生探究实际问题，感受数学在现实中的应用	2 min
教学过程	生活启示： 	学生在教师的引导、启发下探究问题，分组研讨	启发学生思考，自主探究	35 min
	微元法（切片法） 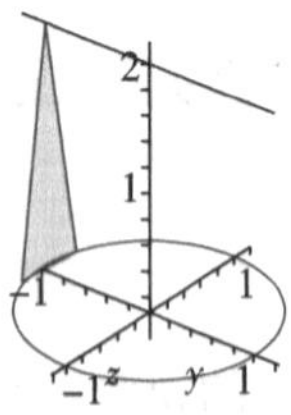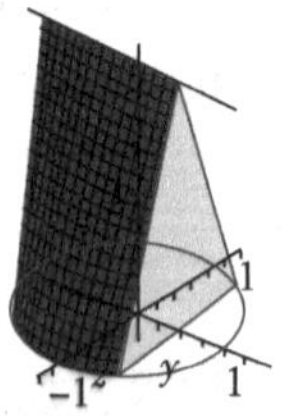	学生在教师的带领下利用微元法积极推导平行截面面积为已知的立体的体积公式	平行截面面积为已知的立体的体积公式的推导，进一步熟悉微元分析法	
	平行截面面积为已知的立体的体积 体积元素＝薄片的体积＝截面面积·厚度 $\mathrm{d}V=A(x)\mathrm{d}x$ 体积 $V=\int_a^b A(x)\mathrm{d}x$	学生在教师的引导、启发下探究问题，分组研讨	启发学生思考，自主探究	

续表

教学环节	教师活动	学生活动	设计意图	时间
教学过程	【解决问题】正劈锥体的体积 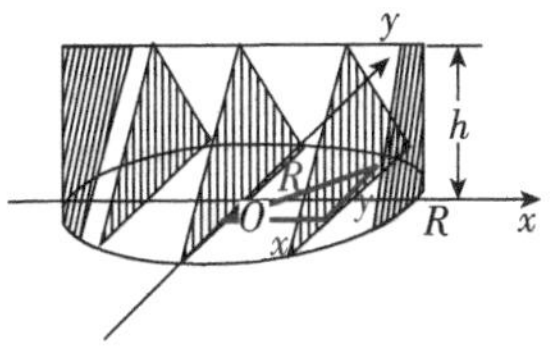 (1) 用垂直于坐标轴的平面截立体——等腰三角形 (2) 底圆方程 $x^2+y^2=R^2$ (3) 截面面积 $A(x)=\frac{1}{2}\cdot 2y\cdot h=h\cdot y=h\sqrt{R^2-x^2}$ (4) 立体体积 $V=\int_{-R}^{R}h\sqrt{R^2-x^2}\,\mathrm{d}x$	充分运用所学知识解决现实问题	培养学生自主探究能力与创新能力，提高学生分析现实问题的能力，将实际问题转化为数学问题，从而得出解决实际问题的方法	35 min
小结	1. 情境引入 2. 微元法（切片法） 3. 平行截面面积为已知的立体 4. 正劈锥体的体积	学生积极参与课堂小结	帮助学生梳理知识点，更好地理清思路，从而掌握本次课的重点和难点	2 min
思考题与作业	1. 求底为半径 R 的圆，垂直于底面上一条固定直径的所有截面为等边三角形的立体的体积 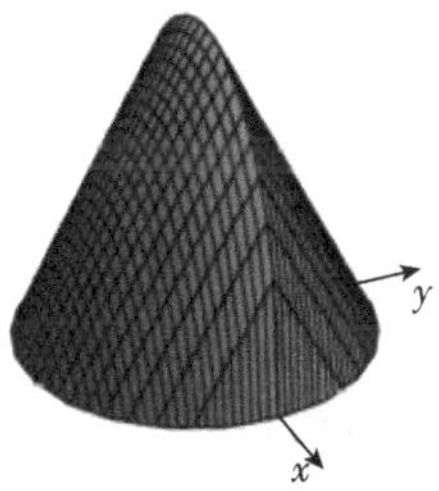 	巩固所学知识	检验课堂学习效果，培养学生自主学习和探究创新的能力	2 min
课程思政	世界著名数学家、物理学家：牛顿 他和莱布尼茨先后独立发现了微积分。 他曾说道："没有大胆的猜想，就做不出伟大的发现！"	倾听世界著名数学家、物理学家的事迹、成就，感受他们勇于探索、大胆创新的精神	用世界著名数学家、物理学家的事迹和成就激励学生勇于创新、敢于拼搏，让未知变已知，发现更多的奥秘	2 min

续表

教学环节	教师活动	学生活动	设计意图	时间
答疑讨论	教师答疑	学生补充笔记，师生互相讨论	对所学内容做进一步的思考，探讨知识点，让学生在课堂上更好地理解数学概念	2 min

八、参考资料

[1] 同济大学数学系．高等数学[M]．北京：高等教育出版社，2014：282-284.

[2] 黄立宏．高等数学[M]．北京：北京大学出版社，2018：194-196.

[3] 李建平，曹定华．微积分[M]．上海：复旦大学出版社，2015：185-186.

九、教学反思

下面从教学设计、教学方式、存在问题 3 个方面对这节课进行反思，并提出改进措施。

（一）教学设计反思

“平行截面面积为已知的立体的体积”这节课以任务驱动式教学设计为主。

1. 创设情境：通过正劈锥体的体积问题引入，激发学生的学习兴趣。

2. 确定问题：在创设的情境下，在切片法的启示下，提出平行截面面积为已知的立体的概念，并且提出如何计算其体积的问题？

3. 自主学习、协作学习：让学生自主探索，鼓励学生相互讨论，在讨论的过程中激发出解决问题的方案。

在教学设计方面，这节课做得比较好，整条教学主线清晰，学生容易掌握主要信息。

（二）教学方式反思

1. 研讨式教学：将学生分成几个小组，各小组进行讨论、交流，培养了学生主动学习的能力。

2. 启发式教学：用黄瓜切片、土豆切片等生活启示，启发学生用微元分析法求立体体积。

3. 信息化教学：借助信息化教学平台——学习通，向学生发送学习资料、进行问题探讨。

4. 多媒体演示教学：借助多媒体技术，将切片的动画效果展现出来，使得学生更容易找出体积元素计算的方法。

（三）存在问题反思

1. 相关实际问题的挖掘还不够。

2. 课前准备资料的发放还不够。

3. 研讨式教学的深度不够：部分学生在研讨过程中找准了答案，但是还有不少学生是人云亦云，是否真的理解了问题的实质不得而知。

（四）改进措施

1. 加强与其他学科的融合，了解更多的学科知识。

2. 增加参考资料的数量，加强课前准备工作。

3. 建立研讨式教学的评价模式，促使学生真正参与到研讨式教学中。

通过这次课堂教学反思，在今后的教学中，要改进不足之处，争取更好的教学效果！

附：

教学内容

一、情境引入--2 min

1. 回顾知识

【PPT 课件演示】

（1）旋转体的体积；

（2）微元法。

2. 研讨问题——正劈锥体的体积

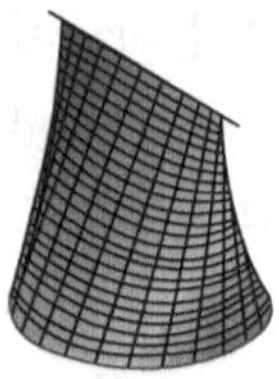

【PPT 实物演示】

底　半径为 R 的圆。

顶　平行且等于底圆直径的线段。

高　h。

二、讲授新课--35 min

1. 生活启示：

【PPT 实物演示】

2. 微元法（切片法）

【PPT 课件演示】

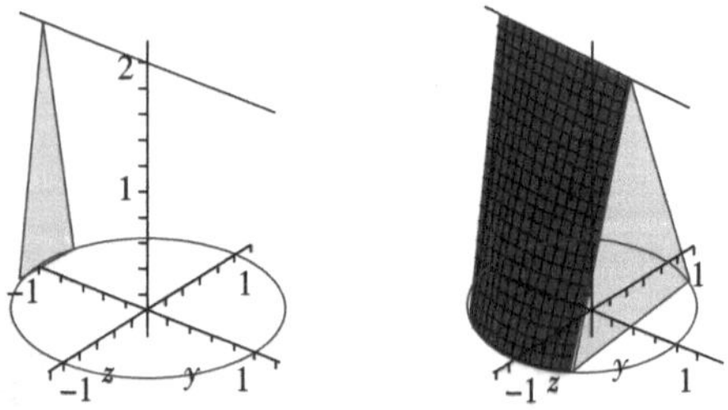

3. 平行截面面积为已知的立体的体积

【PPT 课件演示】

（1）用垂直于坐标轴的平面截立体——所得截面面积为已知

（2）用垂直于 x 轴的平面截立体——所得截面面积为 $A(x)$

（3）体积元素 = 薄片的体积 = 截面面积 · 厚度（所取区间 $[x, x + dx]$）

$$dV = A(x)dx$$

（4）体积 $V = \int_a^b A(x)dx$

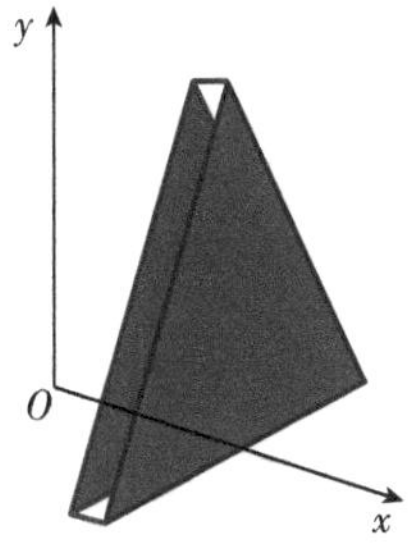

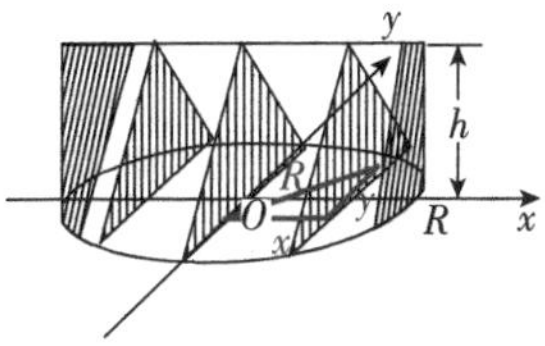

4. 解决问题——正劈锥体的体积

【PPT 课件演示】

（1）用垂直于坐标轴的平面截立体——等腰三角形

（2）底圆方程 $x^2 + y^2 = R^2$

（3）截面面积 $A(x) = \frac{1}{2} \cdot 2y \cdot h = h \cdot y = h\sqrt{R^2 - x^2}$

（4）立体体积 $V = \int_{-R}^{R} h\sqrt{R^2 - x^2}dx$

三、课堂小结--2 min

1. 情境引入；
2. 微元法（切片法）；
3. 平行截面面积为已知的立体；
4. 正劈锥体的体积。

四、课后思考与作业布置------------------------------2 min

1. 求底为半径 R 的圆，垂直于底面上一条固定直径的所有截面为等边三角形的立体的体积。

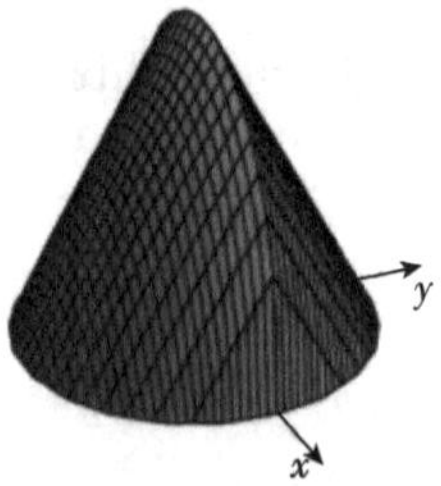

五、课程思政--2 min

世界著名数学家、物理学家：牛顿。

他和莱布尼茨先后独立发现了微积分。

他曾说道："没有大胆的猜想，就做不出伟大的发现！"

用世界著名数学家、物理学家的事迹和成就激励学生勇于创新、敢于拼搏，让未知变已知，发现更多的奥秘！

六、学生补充笔记与讨论、教师答疑--------------------2 min

第五章　微分方程教学设计案例

第一节　“可分离变量的微分方程”教学设计

授课题目：可分离变量的微分方程

授课时数：45 min（1 学时）

教学课型：理论课

所属学科：数学

教　　材：同济大学数学系编，《高等数学》，高等教育出版社，2014 年 7 月

授课对象：非数学专业大学一年级本科生

一、内容分析

“可分离变量的微分方程”是第七章“微分方程”的第二节中的内容，其中可分离变量的微分方程的形式、可分离变量的微分方程的解法和可分离变量的微分方程在解方程过程中的积分运算以及通解的化简是本节的重点和难点。这部分内容是微积分在方程中的应用，高等数学课程中讲的是常微分方程，针对的是一元函数问题。可分离变量的微分方程在现实中的应用非常广泛，因此，学习这一内容是很有必要的。

二、学情分析

高等数学课程的主要内容是微积分，学生在高中阶段已经学过一元函数的导数和简单的积分。微分方程的内容学生在高中是没有接触过的，可分离变量的微分方程这一节的知识非常重要，是其他类型微分方程解题的基础，因此，需要学生打好基础，为后面的学习奠定基础。

三、教学目标

［知识目标］1. 掌握可分离变量的微分方程的形式；
2. 深刻理解可分离变量的微分方程的解法；
3. 掌握可分离变量的微分方程在解方程过程中的积分运算；
4. 学会通解的化简。

［能力目标］通过对可分离变量的微分方程的解法的分析，培养学生运用逻辑思维分析和解决问题的能力，并且，提高学生运用数学方法解决实际问题的能力。

［情感目标］将发酵工厂新鲜空气输入问题和可分离变量的微分方程联系起来，让学生感受数学的直观性，领略数学的应用价值，提高学习高等数学的兴趣。

四、教学重点与难点

1. 教学重点

（1）可分离变量的微分方程的形式；

（2）可分离变量的微分方程的解法。

2. 教学难点

（1）可分离变量的微分方程在解方程过程中的积分运算；

（2）通解的化简。

五、教学方法

1. 综合运用讲授法、探究法、问题教学法激发学生学习兴趣。

2. 任务驱动式教学：以完成“任务”为线索，引导学生自主思考，从而寻得解决问题的方法。

3. 研讨式教学：将学生分成几个小组，各小组对教师的提问进行讨论，在教师的引导下，各小组再互相交流，从而得出最优的解决方案。

4. 启发式教学：启发学生分析问题，联系数学知识解决实际问题。

六、教学手段

1. 多媒体辅助教学：借助多媒体信息技术，加入丰富的视频、动画，使数学教学更直观、更生动，从而激发学生学习数学的兴趣。

2. 信息化教学：借助信息化教学平台——学习通，向学生发送学习资料、进行问题探讨、回答学生问题、统计回答问题情况、在线批改作业等。

七、教学过程

教学环节	教师活动	学生活动	设计意图	时间
导入新课	情境引入 【研讨问题】发酵工厂新鲜空气输入问题  发酵工厂的特点： (1) 封闭空间 (2) 通风不良 (3) 易产生 CO_2 解决方法： (1) 保持足够通风 (2) 穿戴好防护用品 (3) 输入新鲜空气 具体问题： 车间体积为 30 m×30 m×6 m，空气中含 0.12% CO_2，输入含 CO_2 0.04% 的新鲜空气，要使 30 min 后车间空气中 CO_2 含量 ≤0.06%。问：每分钟至少输入多少新鲜空气？	体会教师所介绍的素材，积极展开思考	激发学生探究实际问题，感受数学在现实中的应用	3 min

续表

<table>
<tr><th>教学环节</th><th>教师活动</th><th>学生活动</th><th>设计意图</th><th>时间</th></tr>
<tr><td rowspan="4">教学过程</td><td>分析问题——发酵工厂新鲜空气输入问题在时间间隔 $[t, t+dt]$ 内，车间内 CO_2 含量的改变量：
$$30\times30\times6dx=0.04\times10^{-2}vdt-vxdt$$
一阶微分方程
$$5400\frac{dx}{dt}=(0.0004-x)v$$
特点：
$$\frac{dx}{x-0.0004}=-\frac{v}{5400}dt$$</td><td>思考教师提出的问题，提出解决的方案</td><td>培养学生自主探究能力与创新能力，提高学生分析现实问题的能力，将实际问题转化为数学问题，从而得出解决实际问题的方法</td><td rowspan="4">32 min</td></tr>
<tr><td>可分离变量的微分方程的形式
$$g(y)dy=f(x)dx$$
或
$$\frac{dy}{dx}=\frac{f(x)}{g(y)}$$</td><td>学生在教师的带领下得出可分离变量的微分方程的形式</td><td>通过对可分离变量的微分方程的形式的分析，提高学生概念形成的意识和能力</td></tr>
<tr><td>可分离变量的微分方程的解法
$$\frac{dy}{dx}=\frac{f(x)}{g(y)}$$
分离变量
$$g(y)dy=f(x)dx$$
两端积分
$$\int g(y)dy=\int f(x)dx$$
$$G(y)=F(x)+C$$</td><td>自主归纳可分离变量的微分方程的解法和步骤</td><td>通过分析，理清思路，明确可分离变量的微分方程解法中的关键</td></tr>
<tr><td>【解决问题】发酵工厂新鲜空气输入问题两端积分
$$\int\frac{dx}{x-0.0004}=\int-\frac{v}{5400}dt$$
$$x=0.0004+C_e-\frac{v}{5400}t$$
代入初值条件：$t=0$，$x=0.0012$
可得：$C=0.0008$
于是有：$x=0.0004+0.0008e-\frac{v}{5400}t$
当 $t=30$ 时，$x\leqslant0.0006$
$v=180\ln4\approx250\ (m^3)$
即每分钟至少输入 250 m^3 新鲜空气</td><td>充分运用所学知识解决现实问题</td><td>提高学生分析现实问题的能力，将实际问题转化为数学问题</td></tr>
</table>

续表

教学环节	教师活动	学生活动	设计意图	时间
小结	1. 情境引入 2. 可分离变量的微分方程的形式 3. 可分离变量的微分方程的解法 4. 解决实际问题	学生积极参与课堂小结	帮助学生梳理知识点，更好地理清思路，从而掌握本次课的重点和难点	2 min
思考题与作业	镭的衰变有如下规律： 镭的衰变与它的现存量 R 成正比。由经验材料得知，镭经过 1 600 年后，只余下原始量 R_0 的一半。试问：经过多少年只余下原始量的 $\frac{1}{10}$？ 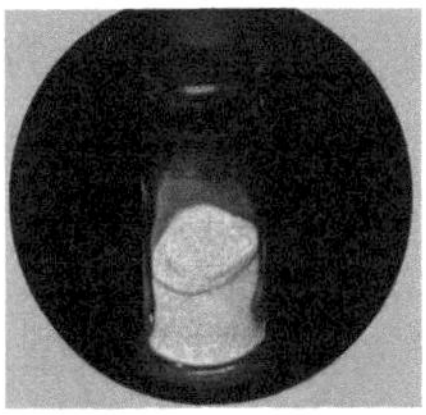	巩固所学知识	检验课堂学习效果，培养学生自主学习和探究创新的能力	2 min
课程思政	中国著名数学家，中国科学院院士：华罗庚。 他曾说道："宇宙之大，粒子之微，火箭之速，化工之巧，地球之变，生物之谜，日用之繁，无处不用数学！"	倾听数学家的事迹、成就，感受我国数学家对数学学科的热爱和对数学学科在现实中应用的肯定	用我国数学家的事迹和成就激励学生认真学习数学知识，并能用数学知识解决更多的实际问题	3 min
答疑讨论	教师答疑	学生补充笔记，师生互相讨论	对所学内容做进一步的思考，探讨知识点，让学生在课堂上更好地理解数学概念	3 min

八、参考资料

[1] 同济大学数学系．高等数学[M]．北京：高等教育出版社，2014：302-308.

[2] 黄立宏．高等数学[M]．北京：北京大学出版社，2018：214-217.

[3] 李建平，曹定华．微积分[M]．上海：复旦大学出版社，2015：

287-289.

[4] 汪爱红，丁建林．分离变量微分方程的人口总量预测模型改进[J]．高师理科学刊，2018，6：10-14.

[5] 张颖娟．可分离变量微分方程的实际应用问题[J]．数学学习与研究，2010，10（20）：94-95.

九、教学反思

下面从教学设计、教学方式、存在问题3个方面对这节课进行反思，并提出改进措施。

（一）教学设计反思

"可分离变量的微分方程"这节课以任务驱动式教学设计为主。

1. 创设情境：通过发酵工厂新鲜空气输入问题引入，激发学生的学习兴趣。

2. 确定问题：在创设的情境下，得出解决问题的数学模型是一个微分方程，观察其形式，给出可分离变量的微分方程的概念，并提出如何求解这种方程。

3. 自主学习、协作学习：让学生自主探索，鼓励学生相互讨论，在讨论的过程中激发出解决问题的方案。

在教学设计方面，这节课做得比较好，整条教学主线清晰，学生容易掌握主要信息。

（二）教学方式反思

1. 研讨式教学：将学生分成几个小组，各小组进行讨论、交流，培养了学生主动学习的能力。

2. 启发式教学：通过对方程的分析，利用一元函数微积分的知识，启发学生自己给出解决的方案。

3. 信息化教学：借助信息化教学平台——学习通，向学生发送学习资料、进行问题探讨。

4. 多媒体演示教学：借助多媒体技术，将数学步骤根据思维过程，一步一步展现出来，以便于学生理解。

（三）存在问题反思

1. 与可分离变量的微分方程相关的实际问题的挖掘还不够。

2. 课前准备资料的发放还不够。

3. 研讨式教学的深度不够：部分学生在研讨过程中找准了答案，但是还有不少学生是人云亦云，是否真的理解了问题的实质不得而知。

（四）改进措施

1. 加强与其他学科的融合，了解更多的学科知识。

2. 增加参考资料的数量，加强课前准备工作。

3. 建立研讨式教学的评价模式，促使学生真正参与到研讨式教学中。

通过这次课堂教学反思，在今后的教学中，要改进不足之处，争取更好的教学效果！

附：

教学内容

一、情境引入--3 min

【研讨问题】——发酵工厂新鲜空气输入问题

【PPT 课件演示】

发酵工厂的特点：

（1）封闭空间；

（2）通风不良；

（3）易产生 CO_2。

解决方法：

（1）保持足够通风；

（2）穿戴好防护用品；

（3）输入新鲜空气。

具体问题：

车间体积为 30 m×30 m×6 m，空气中含 0.12%CO_2，输入含 CO_2 0.04%的新鲜空气，要使 30 min 后车间空气中 CO_2 含量≤0.06%。问：每分钟至少输入多少新鲜空气？

二、讲授新课------32 min

1. 分析问题——发酵工厂新鲜空气输入问题

【PPT 课件演示】

设每分钟至少输入：v（m^3）的空气

在时刻 t，车间中 CO_2 的浓度：$x=x(t)$（%）

在时间间隔［t，$t+dt$］内，车间内 CO_2 含量的改变量：

$$30\times30\times6dx=0.04\times10^{-2}vdt-vxdt$$

$$5\,400dx=(0.000\,4-x)vdt$$

$$5\,400\frac{dx}{dt}=(0.000\,4-x)v$$

$$5\,400dx=(0.000\,4-x)vdt$$

一阶微分方程

$$5\,400\frac{dx}{dt}=(0.000\,4-x)v$$

特点：

$$\frac{dx}{x-0.000\,4}=-\frac{v}{5\,400}dt$$

2. 可分离变量的微分方程的形式

【PPT 课件演示】

写成形式

$$g(y)dy=f(x)dx$$

或

$$\frac{dy}{dx}=\frac{f(x)}{g(y)}$$

就是可分离变量的微分方程

例如：

$$e^y dy=e^x dx$$

$$\frac{dy}{dx}=\frac{2x}{y}$$

3. 可分离变量的微分方程的解法

【PPT 课件演示】

化为

$$\frac{dy}{dx}=\frac{f(x)}{g(y)}$$

分离变量

$$g(y)\ dy=f(x)\ dx$$

两端积分

$$\int g(y)dy=\int f(x)dx$$

$$G(y)=F(x)+C$$

例：求一阶微分方程

$$\frac{dy}{dx}=\frac{2x}{y}$$

的通解。

解：分离变量

$$ydy=2xdx$$

两端积分

$$\int ydy=\int 2xdx$$

$$\frac{y^2}{2}=x^2+C_1$$

$$y^2=2x^2+C$$

$$C=2C_1$$

4. 【解决问题】——发酵工厂新鲜空气输入问题

【PPT 课件演示】

$$\frac{dx}{x-0.0004}=-\frac{v}{5400}dt \text{ 可分离变量}$$

两端积分

$$\int\frac{dx}{x-0.0004}=\int-\frac{v}{5400}dt$$

$$\ln(x-0.0004)=-\frac{v}{5400}\cdot t+\ln C$$

$$\ln(x-0.0004)-\ln C=-\frac{v}{5400}\cdot t$$

$$\ln\frac{x-0.0004}{C}=-\frac{v}{5400}\cdot t$$

$$\frac{x-0.0004}{C}=\mathrm{e}^{-\frac{v}{5400}\cdot t}$$

$$x-0.0004=C\mathrm{e}^{-\frac{v}{5400}\cdot t}$$

$$x=0.0004+C\mathrm{e}^{-\frac{v}{5400}\cdot t}$$

代入初值条件：$t=0$，$x=0.0012$

可得：$C=0.0008$

于是有：$x=0.0004+0.0008\mathrm{e}^{-\frac{v}{5400}\cdot t}$

依题意：当 $t=30$ 时，$x\leqslant 0.0006$

将 $t=30$，$x=0.0006$ 代入上式，解得：

$$v=180\ln 4\approx 250\ (\mathrm{m}^3)$$

即每分钟至少输入 250 m^3 新鲜空气

三、课程思政--3 min

中国著名数学家，中国科学院院士：华罗庚。

他曾说道："宇宙之大，粒子之微，火箭之速，化工之巧，地球之变，生物之谜，日用之繁，无处不用数学！"

用我国数学家的事迹和成就激励学生认真学习数学知识，并能用数学知识解决更多的实际问题！

四、课堂小结--2 min

1. 情境引入；
2. 可分离变量的微分方程的形式；
3. 可分离变量的微分方程的解法；
4. 解决实际问题。

五、课后思考与作业布置---------------------------------2 min

1. 镭的衰变有如下规律

镭的衰变与它的现存量 R 成正比。由经验材料得知，镭经过 1 600 年后，只余下原始量 R_0 的一半。试问：经过多少年只余下原始量的$\frac{1}{10}$?

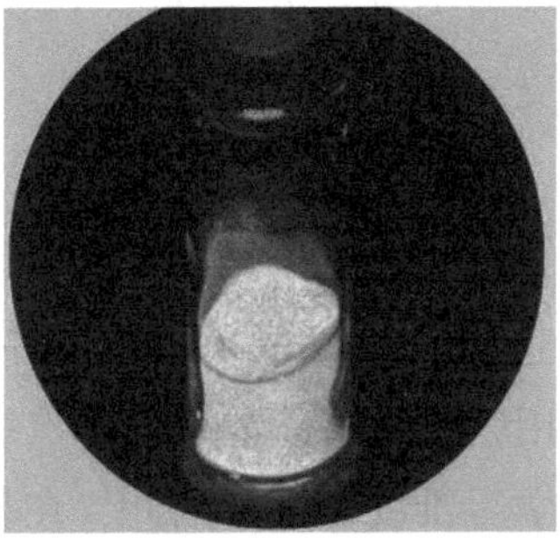

六、学生补充笔记与讨论、教师答疑--------------------3 min

第二节　“常系数齐次线性微分方程”教学设计

授课题目：常系数齐次线性微分方程
授课时数：45 min（1 学时）
教学课型：理论课
所属学科：数学
教　　材：同济大学数学系编，《高等数学》，高等教育出版社，2014 年 7 月
授课对象：非数学专业大学一年级本科生

一、内容分析

“常系数齐次线性微分方程”是第七章“微分方程”的第七节中的内容，其中常系数齐次线性微分方程的形式、常系数齐次线性微分方程的特征

方程、常系数齐次线性微分方程的通解、常系数齐次线性微分方程的求解步骤是本节的重点，根据不同类型，写出常系数齐次线性微分方程的通解、如何分析现实问题，利用常系数齐次线性微分方程，解决现实中的具体问题是本节的难点。常微分方程在高等数学中已有悠久的历史，由于它扎根于各种各样的实际问题中，所以继续保持着前进的动力。二阶常系数齐次线性微分方程在常微分方程理论中占有重要地位，在工程技术及力学和物理学中都有十分广泛的应用。比较常用的求解方法是待定系数法、多项式法、常数变易法和微分算子法等。

二、学情分析

学生在高中阶段学习过一些方程的解法，但是微分方程是没有接触过的，这一块知识与实际应用联系紧密，常系数齐次线性微分方程在微分方程中有着重要的地位，而且学习难度较大，因此，在教学的过程中要多联系实际问题，将数学理论生动化、实际化，从而提高学生的学习兴趣。

三、教学目标

［知识目标］1. 掌握常系数齐次线性微分方程的形式；

2. 理解常系数齐次线性微分方程的特征方程；

3. 掌握常系数齐次线性微分方程的通解；

4. 掌握常系数齐次线性微分方程的求解步骤。

［能力目标］通过对常系数齐次线性微分方程的分析，培养学生运用逻辑思维分析和解决问题的能力，提高学生运用数学方法解决实际问题的能力。

［情感目标］将常系数齐次线性微分方程问题和现实中的问题联系起来，让学生感受数学的直观性，领略数学的应用价值，提高学习高等数学的兴趣。

四、教学重点与难点

1. 教学重点

（1）常系数齐次线性微分方程的形式；

（2）常系数齐次线性微分方程的特征方程；

（3）常系数齐次线性微分方程的通解；

（4）常系数齐次线性微分方程的求解步骤。

2. 教学难点

（1）根据不同类型，写出常系数齐次线性微分方程的通解；

（2）如何分析现实问题，利用常系数齐次线性微分方程，解决现实中的具体问题。

五、教学方法

1. 综合运用讲授法、探究法、问题教学法激发学生学习兴趣。

2. 任务驱动式教学：以完成“任务”为线索，引导学生自主思考，从而寻得解决问题的方法。

3. 研讨式教学：将学生分成几个小组，各小组对教师的提问进行讨论，在教师的引导下，各小组再互相交流，从而得出最优的解决方案。

4. 启发式教学：启发学生分析问题，联系数学知识解决实际问题。

六、教学手段

1. 多媒体辅助教学：借助多媒体信息技术，加入丰富的视频、动画，使数学教学更直观、更生动，从而激发学生学习数学的兴趣。

2. 信息化教学：借助信息化教学平台——学习通，向学生发送学习资料、进行问题探讨、回答学生问题、统计回答问题情况、在线批改作业等。

3. 实物演示教学：演示实物或自制的教学模型，帮助学生理解数学问题。

七、教学过程

教学环节	教师活动	学生活动	设计意图	时间
导入新课	情境引入 【研讨问题】圆柱形浮筒的质量？ 设圆柱形浮筒底圆直径 0.5 m，将它铅直放入水中，当稍向下压后突然放开，浮筒在水中上下振动的周期 2 s，求浮筒的质量。  **【分析】** 得到方程 $x''+\omega^2 x=0$ 二阶齐次线性微分方程	体会教师所介绍的素材，积极展开思考，学生在教师的引导、启发下探究问题，分组研讨	激发学生探究实际问题，感受数学在现实中的应用	3 min
教学过程	常系数齐次线性微分方程的形式 $y''+py'+qy'=0$ 如：$y''+2y'-5y'=0$ 二阶（常系数）齐次线性微分方程 $y''+2y'-5xy'=0$ 二阶（变系数）齐次线性微分方程	通过观察，区别两种齐次线性微分方程，找出不同点	让学生善于分类、区分各种微分方程的特征	
	常系数齐次线性微分方程解的探索 二阶齐次线性微分方程通解结构 $y=C_1y_1(x)+C_2y_2(x)$ 关键：找到两个线性无关的特解 指数函数 $y=e^{rx}$ 具有这一特点	学生在教师引导、启发下，思考常系数齐次线性微分方程的解法	要学生自己尝试、探索，从而找到方程的解的结构	34 min
	常系数齐次线性微分方程的特征方程 $r^2+pr+q=0$	在教师的引导下，继续观察，找出关键的特征方程	引导学生探究，发现问题的关键点	

续表

教学环节	教师活动	学生活动	设计意图	时间
教学过程	常系数齐次线性微分方程的通解 特征方程 $r^2+pr+q=0$ （1）当 $p^2-4q>0$ 时 $y=C_1e^{r_1x}+C_2e^{r_2x}$ （2）当 $p^2-4q=0$ 时 $y=C_1e^{rx}+C_2xe^{rx}=(C_1+C_2x)e^{rx}$ （3）当 $p^2-4q<0$ 时 $y=C_1e^{\alpha x}\cos\beta x+C_2e^{\alpha x}\sin\beta x$ $=(C_1\cos\beta x+C_2\sin\beta x)e^{\alpha x}$	通过教师给出的提示，分类讨论方程的通解	充分调动学生的积极性，培养学生分类思考和研究的能力	34 min
	【求解步骤】 （1）写出特征方程 $r^2+pr+q=0$ （2）求出特征方程的根（特征根） （3）根据特征根的不同情况写出通解	自己总结、归纳解方程的步骤	通过让学生归纳解方程的步骤，培养学生的归纳能力、提炼能力	
	【解决问题】圆柱形浮筒的质量? $x''+\omega^2x=0$ 特征方程　$r^2+\omega^2=0$ 特征根　$r_1，r_2=\pm\omega i$ 通解　$x=C_1\cos\omega t+C_1\sin\omega t$ $=A\sin(\omega t+\varphi)$ 振动周期　$T=\frac{2\pi}{\omega}=2\omega=\pi$ $\frac{1\,000g\pi R^2}{m}=\pi^2$ 从中解出 $m=\frac{1\,000gR^2}{\pi}\approx195\ (\text{kg})$	学生在教师的引导下，用常系数齐次线性微分方程的解法解决前面提出的问题	激发学生探求未知的热情，鼓励学生自己找出研究结果	
小结	1. 情境导入 2. 条件极值 3. 转化为无条件极值 4. 拉格朗日乘数法	学生积极参与课堂小结	帮助学生梳理知识点，更好地理清思路，从而掌握本次课的重点和难点	2 min

续表

教学环节	教师活动	学生活动	设计意图	时间
思考题与作业	更高阶的常系数齐次线性微分方程 如：四阶（常系数）齐次线性微分方程 $y^{(4)}+5y''-36y=0$	巩固所学知识	检验课堂学习效果，培养学生自主学习和探究创新的能力	2 min
课程思政	中国著名数学家，中国科学院院士：华罗庚他曾说道："聪明在于勤奋，天才在于积累！"	倾听数学家的事迹、成就，感受我国数学家在追求真理的过程中，对科学探索的坚持和毅力	用我国数学家的事迹和成就激励学生坚持学习数学知识，日积月累，持之以恒	2 min
答疑讨论	教师答疑	学生补充笔记，师生互相讨论	对所学内容做进一步的思考，探讨知识点，让学生在课堂上更好地理解数学概念	2 min

八、参考资料

[1] 同济大学数学系．高等数学[M]．北京：高等教育出版社，2014：338-347.

[2] 黄立宏．高等数学[M]．北京：北京大学出版社，2018：237-239.

[3] 李建平，曹定华．微积分[M]．上海：复旦大学出版社，2015：299-305.

[4] 周艳华．n 阶常系数线性齐次微分方程与一阶常系数线性齐次微分方程组求解类比法[J]．数学学习与研究，2018，12：9.

[5] 李政．一种二阶常系数齐次线性微分方程的解[J]．桂林师范高等专科学校学报，2019，2（3）：119-121.

[6] 孟红丽，李文清．一类二阶变系数齐次线性微分方程的通解[J]．西南民族大学学报·自然科学版，2009，7：726-729.

九、教学反思

下面从教学设计、教学方式、存在问题3个方面对这节课进行反思，并提出改进措施。

（一）教学设计反思

“常系数齐次线性微分方程”这节课以任务驱动式教学设计为主。

1. 创设情境：通过求圆柱形浮筒质量的问题引入，激发学生的学习兴趣。

2. 确定问题：在创设的情境下，得到一个二阶齐次线性微分方程，观察其形式，给出常系数齐次线性微分方程的概念，并提出如何求解这种方程。

3. 自主学习、协作学习：让学生自主探索，鼓励学生相互讨论，在讨论的过程中激发出解决问题的方案。

在教学设计方面，这节课做得比较好，整条教学主线清晰，学生容易掌握主要信息。

（二）教学方式反思

1. 研讨式教学：将学生分成几个小组，各小组进行讨论、交流，培养了学生主动学习的能力。

2. 启发式教学：通过对方程的分析，启发学生猜测出特解的形式，从而得出了特征方程、特征根以及方程的通解。

3. 信息化教学：借助信息化教学平台——学习通，向学生发送学习资料、进行问题探讨。

4. 多媒体演示教学：借助多媒体技术，将数学步骤根据思维过程，一步一步展现出来，以便于学生理解。

（三）存在问题反思

1. 与常系数线性微分方程相关的实际问题的挖掘还不够。

2. 课前准备资料的发放还不够。

3. 研讨式教学的深度不够：部分学生在研讨过程中找准了答案，但是还有不少学生是人云亦云，是否真的理解了问题的实质不得而知。

（四）改进措施

1. 加强与其他学科的融合，了解更多的学科知识。

2. 增加参考资料的数量，加强课前准备工作。

3. 建立研讨式教学的评价模式，促使学生真正参与到研讨式教学中。

通过这次课堂教学反思，在今后的教学中，要改进不足之处，争取更好的教学效果!

附：

教学内容

一、情境引入--3 min

研讨问题——圆柱形浮筒的质量?

【PPT 课件演示】

【问题】 设圆柱形浮筒底圆直径 0.5 m，将它铅直放入水中，当稍向下压后突然放开，浮筒在水中上下振动的周期 2 s，求浮筒的质量。

【分析】

设 x 轴的正向铅直向下

原点 O 在水面处

平衡状态下浮筒上一点 A 在水平面处

设在时刻 t、点 A 的位置为 $x=x(t)$

它受到的恢复力大小为

$$F=\rho gV=1\ 000g\cdot\pi R^2|x|$$

恢复力方向与位移方向相反

$$mx''=-1\ 000g\cdot\pi R^2x$$

$$x''=-\frac{1\ 000g\cdot\pi R^2}{m}x$$

这里令 $\omega^2=\dfrac{1\ 000g\cdot\pi R^2}{m}$

$$x''=-\omega^2x$$

$$\Rightarrow x''+\omega^2x=0$$

二阶齐次线性微分方程

二、讲授新课------34 min

1. 常系数齐次线性微分方程的形式

【PPT 课件演示】

二阶齐次线性微分方程　　$y''+p(x)y'+q(x)y=0$

二阶（常系数）齐次线性微分方程　$y''+py'+qy'=0$

比如：$y''+2y'-5y'=0$　二阶（常系数）齐次线性微分方程

$y''+2y'-5xy'=0$　二阶（变系数）齐次线性微分方程

2. 常系数齐次线性微分方程解的探索

【PPT 课件演示】

（1）二阶齐次线性微分方程通解结构

$$y=C_1y_1(x)+C_2y_2(x)$$

关键：找到两个线性无关的特解

（2）二阶（常系数）齐次线性微分方程

$$y''+py'+qy'=0\ (p \text{ 和 } q \text{ 是常数})$$

特点：函数与其一阶、二阶导数只差一个常数因子。

（3）指数函数 $y=e^{rx}$ 具有这一特点

3. 常系数齐次线性微分方程的特征方程

【分析】二阶（常系数）齐次线性微分方程

$$y''+py'+qy'=0\ (p \text{ 和 } q \text{ 是常数})$$

设 $y=e^{rx}$ 是方程的解（r 为待定常数）

则　$y'=e^{rx}$　　$y''=r^2e^{rx}$

代入方程并化简，得 $(r^2+pr+q)e^{rx}=0$

即　$r^2+pr+q=0$ ➡特征方程

4. 常系数齐次线性微分方程的通解

特征方程　$r^2+pr+q=0$

（1）当 $p^2-4q>0$ 时　两个不相等的实根 r_1，r_2

$$y_1=e^{r_1x}\qquad y_2=e^{r_2x}$$

两个线性无关的特解

通解　$y=C_1e^{r_1x}+C_2e^{r_2x}$

（2）当 $p^2-4q=0$ 时　两个相等的实根 $r_1=r_2=r$

$$y_1=e^{rx} \qquad y_2=xe^{rx}$$

两个线性无关的特解

通解　$y=C_1e^{rx}+C_2xe^{rx}=(C_1+C_2x)e^{rx}$

（3）当 $p^2-4q<0$ 时　两个共轭的复根 r_1，$r_2=\alpha\pm\beta i$

$$y_1=e^{\alpha x}\cos\beta x \qquad y_2=e^{\alpha x}\sin\beta x$$

两个线性无关的特解

通解　$y=C_1e^{\alpha x}\cos\beta x+C_2e^{\alpha x}\sin\beta x=(C_1\cos\beta x+C_2\sin\beta x)e^{\alpha x}$

【求解步骤】

（1）写出特征方程　$r^2+pr+q=0$

（2）求出特征方程的根（特征根）

（3）根据特征根的不同情况写出通解

例：求微分方程 $y''+y'-2y=0$ 的通解。

解：特征方程　$r^2+r-2=0$

特征根　$r_1=1$，$r_2=-2$

通解　$y=C_1e^{x}+C_2e^{-2x}$

5. 解决问题——圆柱形浮筒的质量

【PPT 课件演示】

二阶（常系数）齐次线性微分方程　$x''+\omega^2x=0$

特征方程　$r^2+\omega^2=0$

特征根　r_1，$r_2=\pm\omega i$

通解　$x=C_1\cos\omega t+C_1\sin\omega t=A\sin(\omega t+\varphi)$

振动周期

$$T=\frac{2\pi}{\omega}=2\omega=\pi$$

$$\frac{1\ 000g\pi R^2}{m}=\pi^2$$

从中解出

$$m=\frac{1\ 000g\pi R^2}{\pi}\approx 195\ (\text{kg})$$

三、课堂小结------------------------------------2 min

1. 情境引入；
2. 常系数齐次线性微分方程的形式；
3. 常系数齐次线性微分方程的特征方程；
4. 常系数齐次线性微分方程的通解。

四、课后思考与作业布置------------------------2 min

更高阶的常系数齐次线性微分方程，比如：四阶（常系数）齐次线性微分方程

$$y^{(4)}+5y''-36y=0$$

五、课程思政------------------------------------2 min

中国著名数学家，中国科学院院士：华罗庚。

他曾说道："聪明在于勤奋，天才在于积累！"

用我国数学家的事迹和成就激励学生坚持学习数学知识，日积月累，持之以恒！

六、学生补充笔记与讨论、教师答疑------------2 min

第六章　向量代数与空间解析几何教学设计案例

“旋转曲面及其方程”教学设计

授课题目：旋转曲面及其方程

授课时数：45 min（1 学时）

教学课型：理论课

所属学科：数学

教　　材：同济大学数学系编，《高等数学》，高等教育出版社，2014 年 7 月

授课对象：非数学专业大学一年级本科生

一、内容分析

“旋转曲面及其方程”是第八章“向量代数与空间解析几何”的第五节，其中旋转曲面方程的确定、旋转曲面图形的绘制和旋转曲面名称的确定是本节的重点和难点。这部分内容是空间解析几何中一个重要的知识点，是学习多元函数微积分的前提，在多元函数的微分和积分中，经常涉及旋转曲面的方程和图形，因此，这一节内容是非常关键的。

日常生活中，许多花瓶、花盆，斗笠、篮球、灯笼、陀螺、火箭头等，这些物体的表面都是旋转曲面，与我们的生活息息相关。在现实问题中，我们经常要求出这些物体的体积和表面积，因此，研究旋转曲面及其方程是很有必要的。

二、学情分析

高等数学课程的主要内容是微积分，学生在高中阶段已经学过一部分内

容，主要是一元函数的微积分，但是，对于多元函数的微积分是没有接触过的，在学习多元函数微积分之前，空间解析几何这一节内容是必不可少的，它为多元微积分的学习提供了几何基础，高中阶段，学生学习了平面解析几何，空间解析几何与平面解析几何的学习方法有类似之处，它是平面解析几何的推广，其主要方法是利用向量工具来研究几何问题。教师在教学中引导学生灵活运用向量来解释、证明、计算空间几何问题。

三、教学目标

[知识目标] 1. 了解旋转曲面的定义，对旋转曲面的形成过程和图形的特点有一个形的认识；

2. 理解旋转曲面方程确定的思想和方法；

3. 已知曲线方程，会写出旋转曲面方程；

4. 已知旋转曲面方程，会说出旋转曲面的名称以及画出简单旋转曲面的图形。

[能力目标] 1. 通过对旋转曲面及其方程的分析，培养学生运用形象思维和逻辑思维分析和解决问题的能力；

2. 通过对旋转曲面图形的分析，培养学生对于图形的形象理解和想象能力。

[情感目标] 将旋转曲面问题和生活中的物体联系起来，让学生感受数学的直观性，领略数学的应用价值，提高学习高等数学的兴趣。

四、教学重点与难点

1. 教学重点

旋转曲面方程的确定。

2. 教学难点

(1) 旋转曲面图形的绘制；

(2) 旋转曲面名称的确定。

五、教学方法

1. 综合运用讲授法、探究法、问题教学法激发学生学习兴趣。

2. 任务驱动式教学：以完成“任务”为线索，引导学生自主思考，从而寻得解决问题的方法。

3. 研讨式教学：将学生分成几个小组，各小组对教师的提问进行讨论，在教师的引导下，各小组再互相交流，从而得出最优的解决方案。

4. 启发式教学：启发学生分析问题，联系数学知识解决实际问题。

六、教学手段

1. 多媒体辅助教学：借助多媒体信息技术，加入丰富的视频、动画，使数学教学更直观、更生动，从而激发学生学习数学的兴趣。

2. 信息化教学：借助信息化教学平台——学习通，向学生发送学习资料、进行问题探讨、回答学生问题、统计回答问题情况、在线批改作业等。

3. 实物演示教学：演示实物或自制的教学模型，帮助学生理解数学问题。

七、教学过程

教学环节	教师活动	学生活动	设计意图	时间
导入新课	情境引入  提出： 1. 这些立体的表面是什么？——曲面 2. 它们表面的共同特征是什么？——截线是圆 3. 它们的表面是怎样形成的？——曲线旋转而成	体会教师所介绍的素材，积极展开思考	激发学生探究实际问题，使学生了解旋转曲面的现实背景，感受数学在现实中的应用	2 min

续表

教学环节	教师活动	学生活动	设计意图	时间
	旋转曲面的定义： 以一条平面曲线绕其平面上的一条直线旋转一周所成的曲面称为旋转曲面。这条平面曲线叫旋转曲面的母线。这条定直线叫旋转曲面的旋转轴。	学生在教师的引导、启发下探究问题	通过多媒体演示和对图形的分析，启发学生理解定义	
教学过程	【研讨问题 1】已知平面曲线方程，求旋转曲面方程 对于曲线在坐标平面上的方程 （1）保留与旋转轴同名的坐标 （2）以其他两个坐标平方和的平方根代替方程中的另一坐标	学生在教师的讲解下观察、思考，分组研讨	通过多媒体演示和对立体图形的分析，启发学生确定旋转曲面的方程	35 min
	【研讨问题 2】已知曲面方程，确定曲面名称 画出由曲面所围成的立体图形： $z = \sqrt{2 - x^2 - y^2}$ $z = x^2 + y^2$ 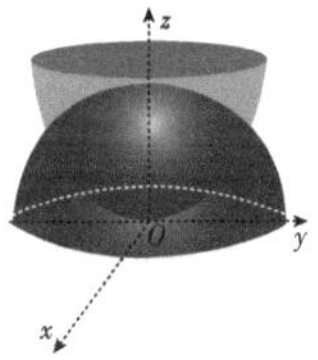	学生在教师的引导、启发下探究问题，分组研讨	拓展学生知识面，培养学生创新意识与能力	
小结	1. 旋转曲面的概念 2. 旋转曲面的方程 3. 已知平面曲线方程及其旋转过程，求旋转曲面方程 4. 已知旋转曲面方程，探讨其形成过程并画出图形	学生积极参与课堂小结	帮助学生梳理知识点，更好地理清思路，从而掌握本次课的重点和难点	2 min
思考题与作业	1. 说明下列旋转曲面是怎样形成的： $x^2 - \frac{y^2}{4} + z^2 = 1$ 2. 画出：曲面 $z = \sqrt{x^2 + y^2}$ 和 曲面 $z = 2 - x^2 - y^2$ 所围成的空间区域	巩固所学知识	检验课堂学习效果，培养学生自主学习和探究创新的能力	2 min

续表

教学环节	教师活动	学生活动	设计意图	时间
课程思政	中国著名数学家：苏步青 中国微分几何学派创始人，被誉为“东方国度上灿烂的数学明星”“东方第一几何学家”“数学之王”。 他曾说道：“爱祖国，为祖国的前途而奋斗，是时代赋予我们的神圣职责！”	倾听爱国数学家的事迹、成就，感受爱国数学家对祖国的热爱之情	用爱国数学家的事迹和成就激励学生努力学习、刻苦钻研，同时，对学生进行爱国主义教育，为祖国的前途而奋斗	2 min
答疑讨论	教师答疑	学生补充笔记，师生互相讨论	对所学内容做进一步的思考，探讨知识点，让学生在课堂上更好地理解数学概念。	2 min

八、参考资料

[1] 同济大学数学系．高等数学[M]．北京：高等教育出版社，2014：37-53.

[2] 黄立宏．高等数学[M]．北京：北京大学出版社，2018：27-31.

[3] 吕端良．旋转曲面方程的求法[J]．江西科学，2019，2（1）：24-25.

[4] 黄振华，祝秋文，胡清华．旋转曲面及其方程[J]．湖北师范大学学报（自然科学版），2017，2：83-86.

[5] 刘春平，周玲，刘晓平．坐标变换和旋转曲面的方程[J]．大学数学，2012，10（5）：144-147.

九、教学反思

下面从教学设计、教学方式、存在问题 3 个方面对这节课进行反思，并提出改进措施。

（一）教学设计反思

“旋转曲面及其方程”这节课以任务驱动式教学设计为主。

1. 创设情境：通过现实中的旋转曲面的引入，激发学生的学习兴趣。

2. 确定问题：在创设的情境下，得出旋转曲面方程确定的方法。并提出问题：如何根据已知平面曲线方程，求旋转曲面方程？如何根据已知曲面方程，确定曲面名称？

3. 自主学习、协作学习：让学生自主探索，鼓励学生相互讨论，在讨论的过程中激发出解决问题的方案。

在教学设计方面，这节课做得比较好，整条教学主线清晰，学生容易掌握主要信息。

（二）教学方式反思

1. 研讨式教学：将学生分成几个小组，各小组进行讨论、交流，培养了学生主动学习的能力。

2. 启发式教学：通过对旋转曲面图形的分析，启发学生得出数量关系，这也是数形结合的表现。

3. 信息化教学：借助信息化教学平台——学习通，向学生发送学习资料、进行问题探讨。

4. 多媒体演示教学：借助多媒体技术，将旋转曲面旋转的动画效果展现出来，让学生形象地感受到旋转曲面的特征和性质。

（三）存在问题反思

1. 与旋转曲面相关的实际问题的挖掘还不够。

2. 课前准备资料的发放还不够。

3. 研讨式教学的深度不够：部分学生在研讨过程中找准了答案，但是还有不少学生是人云亦云，是否真的理解了问题的实质不得而知。

（四）改进措施

1. 加强与其他学科的融合，了解更多的学科知识。

2. 增加参考资料的数量，加强课前准备工作。

3. 建立研讨式教学的评价模式，促使学生真正参与到研讨式教学中。

通过这次课堂教学反思，在今后的教学中，要改进不足之处，争取更好的教学效果！

附：

教学内容

一、情境引入--2 min

【实物演示】

提出问题：

1. 这些立体的表面是什么？——曲面。
2. 它们表面的共同特征是什么？——截线是圆。
3. 它们的表面是怎样形成的？——曲线旋转而成。

二、讲授新课--35 min

1. 旋转曲面的概念

以一条平面曲线绕其平面上的一条直线旋转一周所成的曲面称为旋转曲面。这条平面曲线叫旋转曲面的母线。这条定直线叫旋转曲面的旋转轴。

【PPT 课件演示】

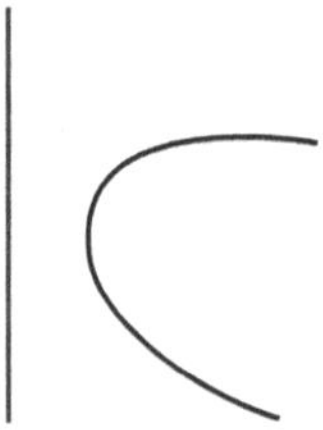
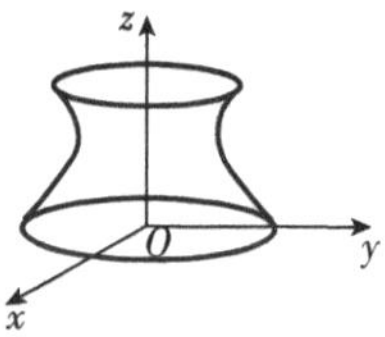

2. 研讨问题1：已知平面曲线方程，求旋转曲面方程

【PPT课件演示】

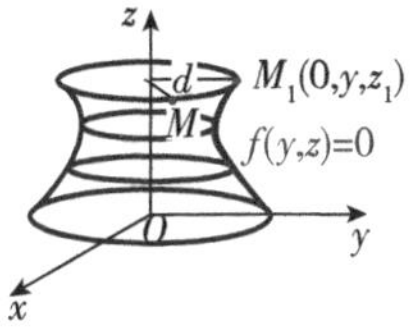

如图设 $M(x, y, z)$

（1）$z=z_1$

（2）$d=\sqrt{x^2+y^2}=|y_1|$

将 $z_1=z$，$y_1=\pm\sqrt{x^2+y^2}$

代入 $f(y_1, z_1)=0$

得方程 $f(\pm\sqrt{x^2+y^2}, z)=0$

平面曲线，$f(y, z)=0$

旋转曲面 $f(\pm\sqrt{x^2+y^2}, z)=0$

一般地，坐标平面上的曲线绕此坐标平面上的一条坐标轴旋转，其旋转曲面的方程可按下列方式写出：

对于曲线在坐标平面上的方程：

（1）保留与旋转轴同名的坐标；

（2）以其他两个坐标平方和的平方根代替方程中的另一坐标。

【PPT课件演示】

例：抛物线 $\begin{cases} y^2=az \\ x=0 \end{cases}$ $(a>0)$

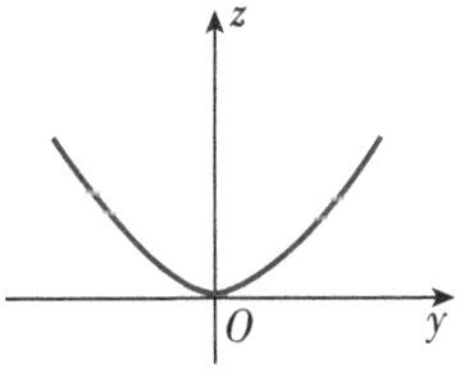

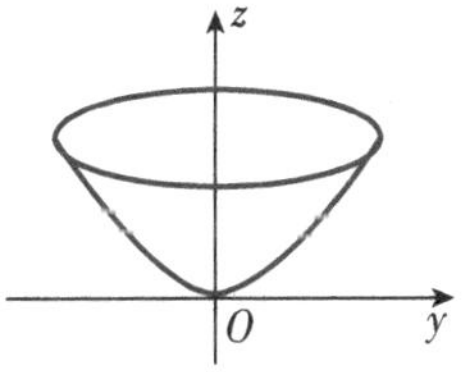

绕 z 轴旋转一周

旋转抛物面 $x^2+y^2=az$

生活中，见过这种曲面吗？想一想？

【PPT 实物演示】

卫星接收装置

3. 研讨问题 2：已知曲面方程，确定曲面名称

【PPT 课件演示】

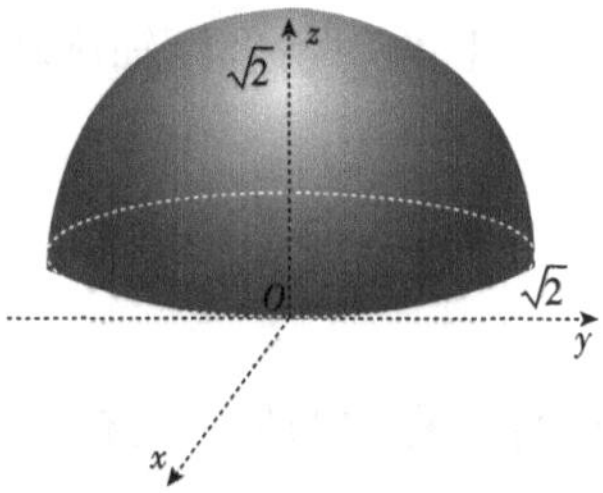

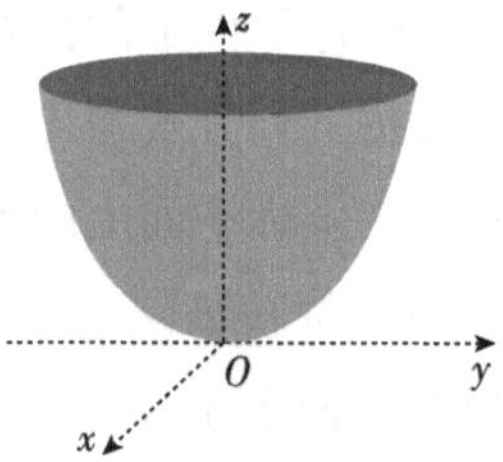

已知曲面方程 $z=\sqrt{2-x^2-y^2}$

$$x^2+y^2+z^2=2$$

球心在（0，0，0）半径为$\sqrt{2}$的上半球面

【PPT 课件演示】

已知曲面方程 $z=x^2+y^2$。

情况一：zOx 面上的抛物线 $z=x^2$ 绕 z 轴；

情况二：zOy 面上的抛物线 $z=y^2$ 绕 z 轴；

顶点在（0，0，0）开口朝 z 轴正向的旋转抛物面。

【PPT 课件演示】

应用——画出空间区域的图形。

画出：曲面 $z=\sqrt{2-x^2-y^2}$ 和曲面 $z=x^2+y^2$ 所围成的空间区域。

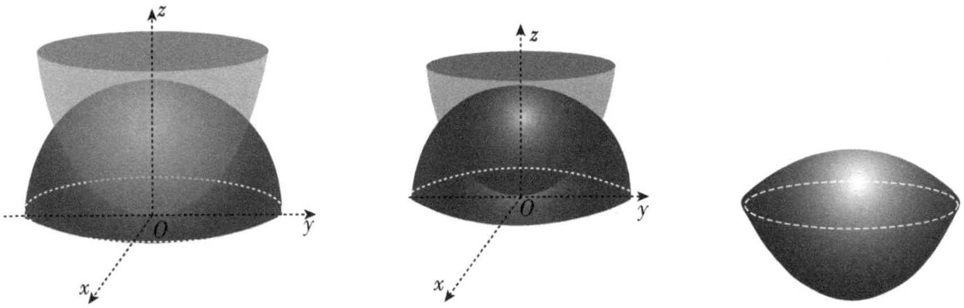

三、课程思政 ………………………………………… 2 min

中国著名数学家：苏步青。

中国微分几何学派创始人，被誉为“东方国度上灿烂的数学明星”“东方第一几何学家”“数学之王”。

他曾说道：“爱祖国，为祖国的前途而奋斗，是时代赋予我们的神圣职责！”

用爱国数学家的事迹和成就激励学生努力学习、刻苦钻研，同时，对学生进行爱国主义教育，为祖国的前途而奋斗！

四、课堂小结 ………………………………………… 2 min

1. 旋转曲面的概念；
2. 旋转曲面的方程；
3. 已知平面曲线方程及其旋转过程，求旋转曲面方程；
4. 已知旋转曲面方程，探讨其形成过程并画出图形。

五、课后思考与作业布置 ………………………………… 2 min

1. 说明下列旋转曲面是怎样形成的：$x^2 - \frac{y^2}{4} + z^2 = 1$；

2. 画出：曲面 $z=\sqrt{x^2+y^2}$ 和曲面 $z=2-x^2-y^2$ 所围成的空间区域。

六、学生补充笔记与讨论、教师答疑 ………………… 2 min

第七章　多元函数微分法及其应用教学设计案例

第一节　“条件极值问题”教学设计

授课题目：条件极值问题

授课时数：45 min（1 学时）

教学课型：理论课

所属学科：数学

教　　材：同济大学数学系编，《高等数学》，高等教育出版社，2014 年 7 月

授课对象：非数学专业大学一年级本科生

一、内容分析

“条件极值问题”是第九章“多元函数微分法及其应用”的第八节中的内容，其中条件极值问题的求法、拉格朗日乘数法和如何构造拉格朗日函数、求解相应的方程组，并给出满足实际问题的解是本节的重点和难点。应用拉格朗日乘数法，可以解决许多现实问题。

二、学情分析

学生在高中阶段学过简单的一元函数求极值和最值问题，但是，对于多元函数极值问题是没有接触过的。而现实生产生活中，许多问题都与多元函数的极值相关，因此，在一元函数微分学的基础上，我们要继续拓宽、加深，在学习完多元微分的概念和计算以后，把多元微分学的应用——条件极值问题掌握好，因此，多元极值问题的学习是高等数学必须掌握的知识。

三、教学目标

［知识目标］1. 了解条件极值问题的求法；
2. 掌握拉格朗日乘数法；
3. 学会构造拉格朗日函数；
4. 学会求解相应的方程组，并能给出满足实际问题的解。

［能力目标］通过对条件极值问题的分析，培养学生运用逻辑思维分析和解决问题的能力，并且，提高学生运用数学方法解决实际问题的能力。

［情感目标］将条件极值问题和空间探测器表面温度问题联系起来，让学生感受数学的直观性，领略数学的应用价值，提高学习高等数学的兴趣。

四、教学重点与难点

1. 教学重点

（1）条件极值问题的求法；

（2）拉格朗日乘数法。

2. 教学难点

（1）如何构造拉格朗日函数；

（2）求解相应的方程组，并给出满足实际问题的解。

五、教学方法

1. 综合运用讲授法、探究法、问题教学法激发学生学习兴趣。

2. 任务驱动式教学：以完成“任务”为线索，引导学生自主思考，从而寻得解决问题的方法。

3. 研讨式教学：将学生分成几个小组，各小组对教师的提问进行讨论，在教师的引导下，各小组再互相交流，从而得出最优的解决方案。

4. 启发式教学：启发学生分析问题，联系数学知识，解决实际问题。

六、教学手段

1. 多媒体辅助教学：借助多媒体信息技术，加入丰富的视频、动画，使数学教学更直观、更生动，从而激发学生学习数学的兴趣。

2. 信息化教学：借助信息化教学平台——学习通，向学生发送学习资料、进行问题探讨、回答学生问题、统计回答问题情况、在线批改作业等。

3. 实物演示教学：演示实物或自制的教学模型，帮助学生理解数学问题。

七、教学过程

教学环节	教师活动	学生活动	设计意图	时间
导入新课	情境引入 【研讨问题】空间探测器表面最热点问题  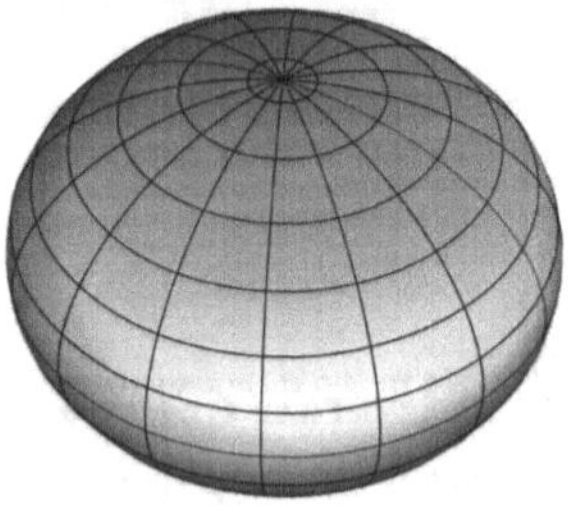 形状为椭球 $4x^2+y^2+4z^2\leqslant 16$ 的空间探测器进入地球大气层，其表面开始受热，1 小时后在探测器的点 (x, y, z) 处温度 $T=8x^2+4yz-16z+600$ 试求：探测器表面最热的点	体会教师所介绍的素材，积极展开思考，学生在教师的引导、启发下探究问题，分组研讨	激发学生探究实际问题，感受数学在现实中的应用	2 min

续表

<table>
<tr><th>教学环节</th><th>教师活动</th><th>学生活动</th><th>设计意图</th><th>时间</th></tr>
<tr><td rowspan="4">教学过程</td><td>条件极值
(1) 无条件极值：对自变量除了限制在定义域内外，并无其他条件。
如：求函数 $f(x, y) = (6x-x^2)(4y-y^2)$ 的极值
(2) 条件极值：对自变量除了限制在定义域内外，还有其他附加条件。
如：求函数 $z = xy$ 在附加条件 $x + y = 1$ 下的极大值</td><td>通过观察，区别两种极值问题，找出不同点</td><td>让学生善于发现实际中的各种问题，并把它们进行相应的分类</td><td rowspan="4">35 min</td></tr>
<tr><td>条件极值问题的解法
(1) 条件极值转化为无条件极值
(2) 拉格朗日乘数法</td><td>学生在教师引导、启发下，思考条件极值问题的解法</td><td>一个问题的解决，可能有多种方法，因此，要学生自己尝试，发现不同方法的难易，从而拟定解决方案</td></tr>
<tr><td>拉格朗日乘数法
求函数 $z = f(x, y)$ 在附加条件 $\varphi(x, y) = 0$ 下的极大值
目标函数：$z=f(x, y)$
约束条件：$\varphi(x, y) = 0$
(1) 构造拉格朗日函数：
$L(x, y) = f(x, y) + \lambda\varphi(x, y)$
(2) 解方程组
$\begin{cases} f_x(x, y) + \lambda\varphi_x(x, y) = 0 \\ f_y(x, y) + \lambda\varphi_y(x, y) = 0 \\ \varphi(x, y) = 0 \end{cases}$</td><td>认真思考、仔细观察，拉格朗日函数的构造过程</td><td>使学生运用前面的知识，理解拉格朗日乘数法和拉格朗日函数的结构</td></tr>
<tr><td>【解决问题】空间探测器表面最热点问题
【问题转化】
求表面温度 $T = 8x^2 + 4yz - 16z + 600$
在椭球 $4x^2 + 4y^2 + 4z^2 = 16$ 这个附加条件卜的极大值
【数学问题】
求目标函数 $T = 8x^2 + 4yz - 16z + 600$
在附加条件 $4x^2 + 4y^2 + 4z^2 - 16 = 0$ 下的极大值
探测器表面最热的点
$M\left(\pm\frac{4}{3}, -\frac{4}{3}, -\frac{4}{3}\right)$
$T|_{M_1} = T|_{M_2} = \frac{1928}{3}$</td><td>学生在教师的引导下，用拉格朗日乘数法解决前面提出的问题</td><td>激发学生探求未知的热情，鼓励学生自己找出研究结果</td></tr>
</table>

续表

教学环节	教师活动	学生活动	设计意图	时间
课程思政	拉格朗日，法国著名数学家、物理学家、天文学家，数学分析的开拓者。他在微积分中的主要贡献有：拉格朗日乘数法、拉格朗日中值定理和公式等。 	学生在教师的引导、启发下追溯历史，感受数学家们探究真理的过程	通过数学历史、数学文化激励学生勇于探索，求取真知	2 min
小结	1. 情境导入 2. 条件极值 3. 转化为无条件极值 4. 拉格朗日乘数法	学生积极参与课堂小结	帮助学生梳理知识点，更好地理清思路，从而掌握本次课的重点和难点	2 min
思考题与作业	已知某制造商的 Cobb-Douglas 生产函数： $f(x, y) = 100x^{\frac{3}{4}}y^{\frac{1}{4}}$ 每个劳动力与每单位资本的成本分别是 150 元及 250 元。总预算 50 000 元，应该如何分配这笔钱用于雇佣劳动力与资本，以使生产量最高。	巩固 所学知识	检验课堂学习效果，培养学生自主学习和探究创新的能力	2 min
答疑讨论	教师答疑	学生补充笔记，师生互相讨论	对所学内容做进一步的思考，探讨知识点，让学生在课堂上更好地理解数学概念	2 min

八、参考资料

[1] 同济大学数学系．高等数学[M]．北京：高等教育出版社，2014：116-122.

[2] 黄立宏．高等数学[M]．北京：北京大学出版社，2018：89-96.

[3] 李建平，曹定华．微积分[M]．上海：复旦大学出版社，2015：233-239.

[4] 魏巍巍．条件极值法在项目进度管理中的应用效果分析[J]．产业与科技论坛，2017，16（3）：271-272.

[5] 吴群妹．基于多元函数约束条件的变分极值在最优控制中的应用[J]．淮阴师范学院学报（自然科学版），2015，9（3）：193-196.

[6] 胡军霞，廖国荣，马一跃，等．条件极值法在项目进度管理中的应用 [J]．项目管理技术，2014，8：29-34.

九、教学反思

下面从教学设计、教学方式、存在问题 3 个方面对这节课进行反思，并提出改进措施。

（一）教学设计反思

“条件极值问题”这节课以任务驱动式教学设计为主。

1. 创设情境：通过空间探测器表面最热点问题的引入，激发学生的学习兴趣。

2. 确定问题：在创设的情境下，给出无条件极值问题和条件极值问题的概念，并提出：条件极值问题解决的方案有哪些？

3. 自主学习、协作学习：让学生自主探索，鼓励学生相互讨论，在讨论的过程中激发出解决问题的方案。

在教学设计方面，这节课做得比较好，整条教学主线清晰，学生容易掌握主要信息。

（二）教学方式反思

1. 研讨式教学：将学生分成几个小组，各小组进行讨论、交流，培养了学生主动学习的能力。

2. 启发式教学：对条件极值问题的解决方法，不是教学生怎么做，而是启发学生自己寻找解决方案，发现两种方法都可以解决此问题，并比较这两种方法的优势。

3. 信息化教学：借助信息化教学平台——学习通，向学生发送学习资料、进行问题探讨。

4. 多媒体演示教学：借助多媒体技术，将数学步骤根据思维过程，一步一步展现出来，以便于学生理解。

（三）存在问题反思

1. 与条件极值相关的实际问题的挖掘还不够。

2. 课前准备资料的发放还不够。

3. 研讨式教学的深度不够：部分学生在研讨过程中找准了答案，但是还有不少学生是人云亦云，是否真的理解了问题的实质不得而知。

（四）改进措施

1. 加强与其他学科的融合，了解更多的学科知识。

2. 增加参考资料的数量，加强课前准备工作。

3. 建立研讨式教学的评价模式，促进学生真正参与到研讨式教学中。

通过这次课堂教学反思，在今后的教学中，要改进不足之处，争取更好的教学效果！

附：

教学内容

一、情境引入--2 min

研讨问题——空间探测器表面最热点问题

【PPT 实物演示】

空间探测器

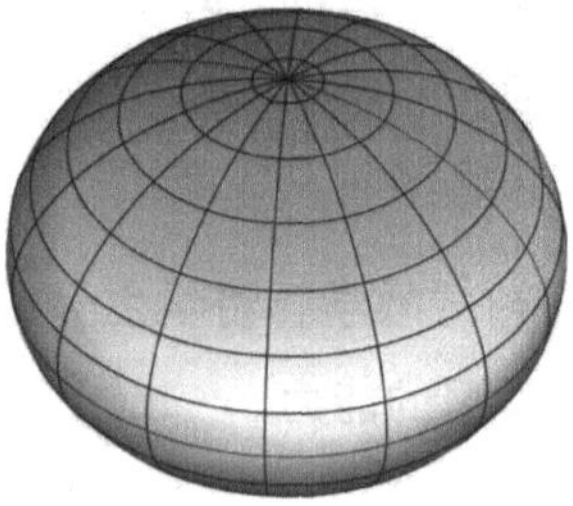

椭球形空间探测器

形状为椭球 $4x^2+y^2+4z^2\leqslant 16$ 的空间探测器进入地球大气层，其表面开始受热，1 小时后在探测器的点（x，y，z）处的温度 $T=8x^2+4yz-16z+600$

试求：探测器表面最热的点。

二、讲授新课--35 min

1. 条件极值

无条件极值：对自变量除了限制在定义域内外，并无其他条件。

求函数 f（x，y）=（$6x-x^2$）（$4y-y^2$）的极值

条件极值：对自变量除了限制在定义域内外，还有其他附加条件。

求函数 $z=xy$ 在附加条件 $x+y=1$ 下的极大值。

2. 条件极值转化为无条件极值

【PPT 课件演示】

求函数 $z=xy$ 在附加条件 $x+y=1$ 下的极大值，附加条件 $x+y=1$ 简单。

附加条件 $x+y=1$

即 $y=1-x$

代入函数 $z=xy$

得 $z=x(1-x)$ （无条件极值）

【问题】求函数 $z=xy$ 在附加条件 $y^3e^{x^2}+2x^{10}\sin y=1$ 下的极大值，附加条件 $y^3e^{x^2}+2x^{10}\sin y=1$ 复杂，条件极值不能转化为无条件极值。

3. 拉格朗日乘数法

【PPT 课件演示】

求函数 $z=f(x, y)$ 在附加条件 $\varphi(x, y)=0$ 下的极大值。

目标函数：$z=f(x, y)$ 约束条件：$\varphi(x, y)=0$

（1）构造拉格朗日函数：$L(x, y)=f(x, y)+\lambda\varphi(x, y)$

（2）解方程组

$$\begin{cases} f_x(x, y)+\lambda\varphi_x(x, y)=0 \\ f_y(x, y)+\lambda\varphi_y(x, y)=0 \\ \varphi(x, y)=0 \end{cases}$$

求函数 $u=f(x, y, z)$ 在附加条件 $\varphi(x, y, z)=0$，$\Psi(x, y, z)=0$ 下的极大值。

目标函数：$u=f(x, y, z)$ 约束条件：$\varphi(x, y, z)=0$，$\Psi(x, y, z)=0$

（1）构造拉格朗日函数：$L(x, y)=f(x, y)+\lambda\varphi(x, y)+\mu\Psi(x, y, z)$

（2）解方程组

$$\begin{cases} f_x(x, y, z)+\lambda\varphi_x(x, y, z)+\mu\Psi_x(x, y, z)=0 \\ f_y(x, y, z)+\lambda\varphi_y(x, y, z)+\mu\Psi_y(x, y, z)=0 \\ f_z(x, y, z)+\lambda\varphi_z(x, y, z)+\mu\Psi_z(x, y, z)=0 \\ \varphi(x, y, z)=0 \\ \Psi(x, y, z)=0 \end{cases}$$

4. 解决问题——空间探测器表面最热点问题

【PPT 课件演示】

【问题转化】

求表面温度 $T=8x^2+4yz-16z+600$

在椭球 $4x^2+4y^2+4z^2=16$ 这个附加条件下的极大值

【数学问题】

求目标函数 $T=8x^2+4yz-16z+600$

在附加条件 $4x^2+4y^2+4z^2-16=0$ 下的极大值

（1）构造拉格朗日函数 $L(x,y,z)=f(x,,z)+\lambda\varphi(x,y,z)$

$L(x,y,z)=8x^2+4yz-16z+600+\lambda(4x^2+4y^2+4z^2-16)$

（2）解方程组

$$\begin{cases}16x+8\lambda x=0\\4z+2\lambda y=0\\4y+2\lambda z=0\\4x^2+y^2+4z^2=16\end{cases}$$

$x=0$ 或 $\lambda=-2$

由 $\lambda=-2$ 可得

$$y=z=-\frac{4}{3},\ x=\pm\frac{4}{3}$$

于是得到 2 个可能的极值点：

$$M_1(\frac{4}{3},\ -\frac{4}{3},\ -\frac{4}{3})$$

$$M_2(-\frac{4}{3},\ -\frac{4}{3},\ -\frac{4}{3})$$

由 $x=0$ 可得 $y=4,\ z=0,\ \lambda=0$

$$y=-2,\ z=\sqrt{3},\ \lambda=\sqrt{3}$$

$$y=-2,\ z=-\sqrt{3},\ \lambda=-\sqrt{3}$$

于是得到另外 3 个可能的极值点：

$M_1(0,4,0)$、$M_2(0,-2,\sqrt{3})$、$M_3(0,-2,-\sqrt{3})$

比较 T 在 5 个可能的极值点处的数值，可知

$$T|_{M1}=T|_{M2}=\frac{1\ 928}{3}$$

为最大。探测器表面最热的点

$$M\left(\pm\frac{4}{3},\ -\frac{4}{3},\ -\frac{4}{3}\right)$$

三、课程思政--2 min

学生在教师的引导、启发下追溯历史，感受数学家们探究真理的过程。通过数学历史、数学文化激励学生勇于探索，求取真知！

四、课堂小结--2 min

1. 情境导入；
2. 条件极值；
3. 转化为无条件极值；
4. 拉格朗日乘数法。

五、课后思考与作业布置-----------------------------------2 min

已知某制造商的 Cobb-Douglas 生产函数：

$$f(x,\ y)=100x^{\frac{3}{4}}y^{\frac{1}{4}}$$

每个劳动力与每单位资本的成本分别是 150 元及 250 元。总预算 50 000 元，应该如何分配这笔钱用于雇佣劳动力与资本，以使生产量最高。

六、学生补充笔记与讨论、教师答疑-------------------2 min

第二节 “最小二乘法”教学设计

授课题目：最小二乘法

授课时数：45 min（1 学时）

教学课型：理论课

所属学科：数学

教　　材：同济大学数学系编，《高等数学》，高等教育出版社，2014 年 7 月

授课对象：非数学专业大学一年级本科生

一、内容分析

“最小二乘法”是第九章“多元函数微分法及其应用”的第十节中的内容，其中最小二乘法的定义、利用最小二乘法得出经验公式是本节的重点，最小二乘法定义的探寻、如何针对现实问题，利用最小二乘法，分析和解决具体问题是本节的难点。最小二乘法（又称最小平方法）是一种数学优化技术。它通过最小化误差的平方和寻找数据的最佳函数匹配。利用最小二乘法可以简便地求得未知的数据，并使得这些求得的数据与实际数据之间误差的平方和为最小。最小二乘法还可用于曲线拟合。

二、学情分析

学生在高中阶段学过简单的一元函数求极值和最值问题，最小二乘法没有接触过，在现实生产生活中，许多问题的解决与最小二乘法有关，因此，在大学阶段，有必要学习最小二乘法。利用最小二乘法分析和解决问题是有一定的难度的，教师在教学的过程中要把握问题的关键，沿着问题主线分析，使学生思路清晰。同时，用实际问题的解决，让学生感受到最小二乘法的作用，从而提高学习这一知识的兴趣。

三、教学目标

［知识目标］1. 掌握最小二乘法的定义；
2. 利用最小二乘法得出经验公式；
3. 掌握如何针对现实问题，利用最小二乘法，分析和解决具体问题。

［能力目标］通过对最小二乘法问题的分析，培养学生运用形象思维和逻辑思维分析和解决问题的能力，提高学生运用数学方法解决实际问题的能力。

［情感目标］将最小二乘法和现实问题联系起来，让学生感受数学的直观性，领略数学的应用价值，提高学习高等数学的兴趣。

四、教学重点与难点

1. 教学重点

（1）最小二乘法的定义；

（2）利用最小二乘法得出经验公式。

2. 教学难点

（1）最小二乘法定义的探寻；

（2）如何针对现实问题，利用最小二乘法，分析和解决具体问题。

五、教学方法

1. 综合运用讲授法、探究法、问题教学法激发学生学习兴趣。

2. 任务驱动式教学：以完成“任务”为线索，引导学生自主思考，从而寻得解决问题的方法。

3. 研讨式教学：将学生分成几个小组，各小组对教师的提问进行讨论，在教师的引导下，各小组再互相交流，从而得出最优的解决方案。

4. 启发式教学：启发学生分析问题，联系数学知识，解决实际问题。

六、教学手段

1. 多媒体辅助教学：借助多媒体信息技术，加入丰富的视频、动画，使数学教学更直观、更生动，从而激发学生学习数学的兴趣。

2. 信息化教学：借助信息化教学平台——学习通，向学生发送学习资料、进行问题探讨、回答学生问题、统计回答问题情况、在线批改作业等。

3. 实物演示教学：演示实物或自制的教学模型，帮助学生理解数学问题。

七、教学过程

教学环节	教师活动	学生活动	设计意图	时间
导入新课	情境引入 【研讨问题】如何掌握刀具的磨损情况？   【实验】为了了解刀具的磨损情况，我们做这样的实验：经过一定时间（如每隔一小时），测量一次刀具的厚度，得到一组实验数据 【提出】能否根据测得的实验数据得到其他时刻的刀具厚度？	体会教师所介绍的素材，积极展开思考，学生在教师的引导、启发下探究问题，分组研讨	激发学生探究实际问题，感受数学在现实中的应用	2 min

续表

教学环节	教师活动	学生活动	设计意图	时间
教学过程	经验公式 根据两个变量的几组实验数据，找出的两个变量间的函数关系的近似表达式： $y=f(t)$	通过观察，区别两种极值问题，找出不同点	让学生善于发现实际中的各种问题，并把它们进行相应的分类	35 min
	最小二乘法的探寻 【观察】这些点的连线接近于一条直线，可以认为 $y=f(t)$ 是线性函数，并设 $f(t)=at+b$（a 和 b 是待定常数）	学生跟着教师的思路，探讨多种情况，得出最合适的方案	一个定义的给出，有它得出的原理，让学生跟着教师的思路探寻	
	最小二乘法的定义 这种根据偏差的平方和为最小的条件来选择常数 a、b 的方法叫作最小二乘法 $M=\sum_{i=0}^{7}[y_i-f(t_i)]^2$ $M=\sum_{i=0}^{7}[y_i-(at_i+b)]^2$	学生在教师引导、启发下，思考得出的最小二乘法的定义	在前面探寻的基础上，总结方案，得出定义	
	利用最小二乘法得出经验公式 偏差的平方和 M $M=\sum_{i=0}^{7}[y_i-(at_i+b)]^2$ 【归结为】求函数 $M=M(a,b)$ 在哪些点处取得最小值？ 通过已知的实验数据，计算出： $\sum_{i=0}^{7}t_i$　$\sum_{i=0}^{7}t_i^2$　$\sum_{i=0}^{7}y_i$　$\sum_{i=0}^{7}y_it_i$ 代入方程组：求出 a 和 b 得到：经验公式	认真思考、仔细观察，由最小二乘法得出经验公式	使学生运用前面的知识，解决实际问题	
	【解决问题】如何掌握刀具的磨损情况？ $y=f(t)=-0.3036t+27.0125$ 偏差的平方和 $M=0.108165$ 均方误差 $\sqrt{M}=0.329$ 【反映】用经验公式近似表达函数关系的近似程度的好坏。	学生在教师的引导下，用最小二乘法解决前面提出的问题，分组研讨	激发学生探求未知的热情，鼓励学生自己找出研究结果	

续表

教学环节	教师活动	学生活动	设计意图	时间
小结	1. 情境引入 2. 最小二乘法的探寻 3. 最小二乘法的定义 4. 利用最小二乘法得出经验公式	学生积极参与课堂小结	帮助学生梳理知识点，更好地理清思路，从而掌握本次课的重点和难点	2 min
思考题与作业	在研究某单分子化学反应速度时： 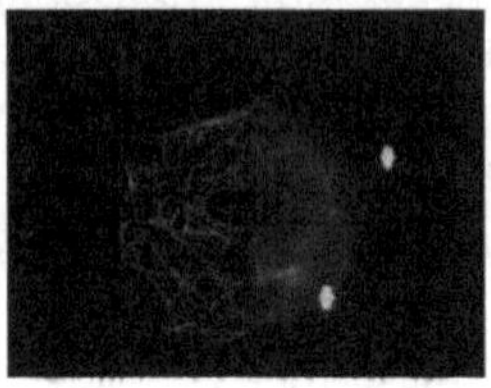 得到一些数据，试根据给出数据定出经验公式 $y=f(\tau)$	巩固所学知识	检验课堂学习效果，培养学生自主学习和探究创新的能力	2 min
课程思政	世界著名数学家、物理学家：高斯 享有“数学王子”的美誉。18 岁的高斯发现了最小二乘法，高斯在最小二乘法基础上创立的测量平差理论的帮助下，测算出了小行星谷神星的运行轨迹。	倾听世界著名数学家、物理学家的事迹、成就，感受他们勇于探索、大胆创新的精神	用世界著名数学家、物理学家的事迹和成就激励学生勇于创新、敢于拼搏，让未知变已知，发现更多的奥秘	2 min
答疑讨论	教师答疑	学生补充笔记，师生互相讨论	对所学内容做进一步的思考，探讨知识点，让学生在课堂上更好地理解数学概念	2 min

八、参考资料

[1] 同济大学数学系．高等数学[M]．北京：高等教育出版社，2014：127-132.

[2] 黄立宏．高等数学[M]．北京：北京大学出版社，2018：91-92.

[3] 田生昌．最小二乘法的统计学原理及在农业试验分析中的应用[J]．数学的实践与认识，2015，2（4）：124-133.

[4] 曾藏，潘畅，周仲恺，等．“最小二乘法”对安徽省城市生活垃圾产量预测研究及影响因子分析 [J]．环境与发展，2018，9：120-124.

[5] 何光勤，鲁力，胡敬玉，等．基于最小二乘法的雷暴天气下飞行改航决策研究［J］．安全与环境工程，2019，7（4）：171-176.

[6] 王珍萍．最小二乘法在商业活动中的应用及其在 MATLAB 的实现［J］．广西科技师范学院学报，2018，2（1）：131-133.

九、教学反思

下面从教学设计、教学方式、存在问题 3 个方面对这节课进行反思，并提出改进措施。

（一）教学设计反思

“最小二乘法”这节课以任务驱动式教学设计为主。

1. 创设情境：通过刀具磨损问题的引入，激发学生的学习兴趣。

2. 确定问题：在创设的情境下，提出能否根据测得的实验数据得到其他时刻的刀具厚度?

3. 自主学习、协作学习：让学生自主探索，鼓励学生相互讨论，在讨论的过程中激发出解决问题的方案。

在教学设计方面，这节课做得比较好，整条教学主线清晰，学生容易掌握主要信息。

（二）教学方式反思

1. 研讨式教学：将学生分成几个小组，各小组进行讨论、交流，培养了学生主动学习的能力。

2. 启发式教学：对于最小二乘法的推导思路，不是直接告诉学生，而是引导、启发学生比较不同方案，得出最佳方案，如何根据偏差的平方和为最小的条件来选择待定的常数，从而求出经验公式。

3. 信息化教学：借助信息化教学平台——学习通，向学生发送学习资料、进行问题探讨。

4. 多媒体演示教学：借助多媒体技术，将数学步骤根据思维过程，一步一步展现出来，以便于学生理解。将数据、点图用多媒体技术展现出来，学生能够生动地掌握问题的信息。

（三）存在问题反思

1. 与最小二乘法相关的实际问题的挖掘还不够。

2. 课前准备资料的发放还不够。

3. 研讨式教学的深度不够：部分学生在研讨过程中找准了答案，但是还有不少学生是人云亦云，是否真的理解了问题的实质不得而知。

（四）改进措施

1. 加强与其他学科的融合，了解更多的学科知识。

2. 增加参考资料的数量，加强课前准备工作。

3. 建立研讨式教学的评价模式，促使学生真正参与到研讨式教学中。

通过这次课堂教学反思，在今后的教学中，要改进不足之处，争取更好的教学效果！

附：

教学内容

一、情境引入--2 min

研讨问题——如何掌握刀具的磨损情况？

【PPT 实物演示】

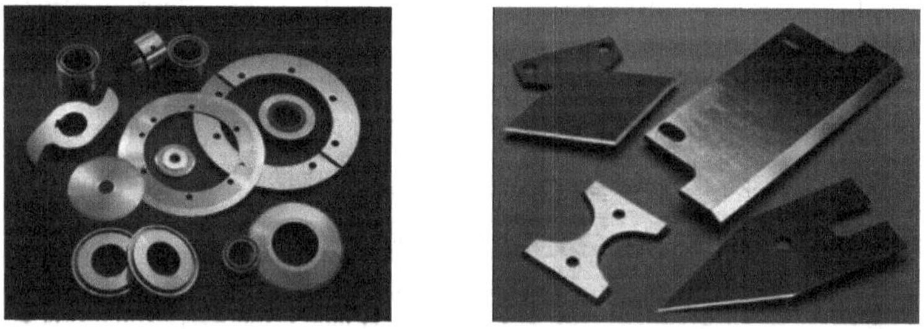

机械刀具

【实验】为了了解刀具的磨损情况，我们做这样的实验：经过一定时间（如每隔一小时），测量一次刀具的厚度，得到一组实验数据如下：

顺序编号 i	0	1	2	3	4	5	6	7
时间 t_i/h	0	1	2	3	4	5	6	7
刀具厚度 y_i/mm	27.0	26.8	26.5	26.3	26.1	25.7	25.3	24.8

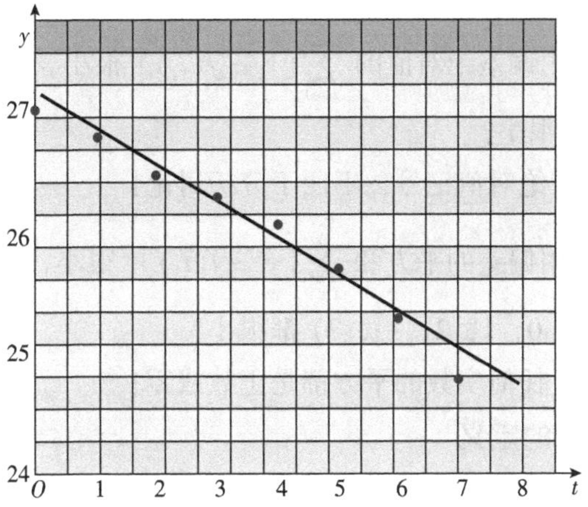

【提出】能否根据测得的实验数据得到其他时刻的刀具厚度？

二、讲授新课--35 min

1. 经验公式

根据两个变量的几组实验数据，找出的两个变量间函数关系的近似表达式：

$$y = f(t)$$

2. 最小二乘法的探寻

【PPT 课件演示】

【观察】这些点的连线接近于一条直线，可以认为 $y=f(t)$ 是线性函数，并设

$$f(t) = at + b(a \text{ 和 } b \text{ 是待定常数})$$

方案一：能使直线 $f(t) = at + b$ 经过所有标出的点？

【分析】不可能的！因为这些点本来就不在同一条直线上。

方案二：使得 $f(t) = at+b$ 在 t_0、t_1、t_2、t_3、t_4、t_5、t_6、t_7 处的函数值

与实验数据 y_1、y_2、y_3、y_4、y_5、y_6、y_7 相差都很小，即偏差 $y_i-f(t)$ （$i=0$，1，2，…，7）都很小，能否用偏差的和 $\sum_{i=0}^{7}[y_i-f(t_i)]$ 很小来保证每个偏差都很小吗？

【分析】不能！偏差有正有负，求和，可能相互抵消！

方案三：能否用偏差绝对值的 $\sum_{i=0}^{7}[y_i-f(t_i)]$ 很小，保证每个偏差绝对值 $|y_i-f(t_i)|$ 都很小？

【分析】缺点：绝对值记号，不便于分析讨论！

方案四：能否用偏差的平方和 $\sum_{i=0}^{7}[y_i-f(t_i)]^2$ 很小，保证每个偏差绝对值 $|y_i-f(t_i)|$ （$i=0$，1，2，…，7）都很小？

【分析】可以！任何实数的平方都是正数或零！

3. 最小二乘法的定义

【PPT 课件演示】

定义 这种根据偏差的平方和为最小的条件来选择常数 a、b 的方法叫作最小二乘法

$$M=\sum_{i=0}^{7}[y_i-f(t_i)]^2 \qquad M=\sum_{i=0}^{7}[y_i-(at_i+b)]^2$$

4. 利用最小二乘法得出经验公式

偏差的平方和 M

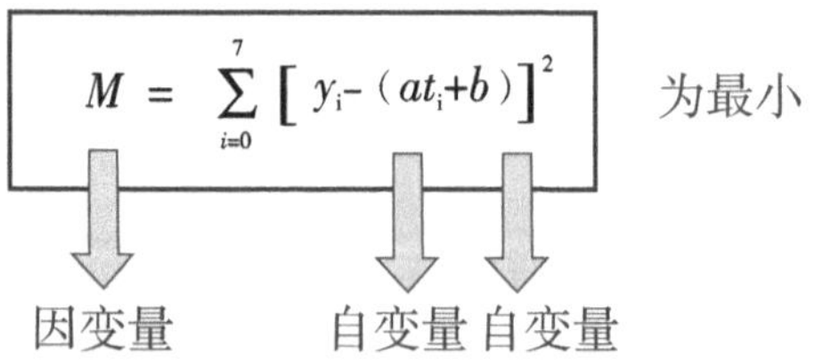

归结为：求函数 $M=M(a,b)$ 在哪些点处取得最小值？

求方程组 $\begin{cases}M_a(a,b)=0\\M_b(a,b)=0\end{cases}$ 的解

$$\begin{cases}\dfrac{\partial M}{\partial a}=-2\sum\limits_{i=0}^{7}[y_i-(at_i+b)]t_i=0\\ \dfrac{\partial M}{\partial b}=-2\sum\limits_{i=0}^{7}[y_i-(at_i+b)]=0\end{cases}$$

即

$$\begin{cases}\sum\limits_{i=0}^{7}[y_i-(at_i+b)]t_i=0\\ \sum\limits_{i=0}^{7}[y_i-(at_i+b)]=0\end{cases}$$

将括号内各项整理合并，并把未知数 a 和 b 分离出来得

$$\begin{cases}a\sum\limits_{i=0}^{7}t_i^2+b\sum\limits_{i=0}^{7}t_i=\sum\limits_{i=0}^{7}y_it_i\\ a\sum\limits_{i=0}^{7}t_i+8b=\sum\limits_{i=0}^{7}y_i\end{cases}$$

通过已知的实验数据，计算出

$$\sum_{i=0}^{7}t_i\qquad\sum_{i=0}^{7}t_i^2\qquad\sum_{i=0}^{7}y_i\qquad\sum_{i=0}^{7}y_it_i$$

5. 解决问题——如何掌握刀具的磨损情况?

【PPT 课件演示】

顺序编号 i	0	1	2	3	4	5	6	7
时间 t_i/h	0	1	2	3	4	5	6	7
刀具厚度 y_i/mm	27.0	26.8	26.5	26.3	26.1	25.7	25.3	24.8

	t_i	t_i^2	y_i	y_it_i
	0	0	27.0	0
	1	1	26.8	26.8
	2	4	26.5	53.0
	3	9	26.3	78.9
	4	16	26.1	104.4
	5	25	25.7	128.5
	6	36	25.3	151.8
	7	49	24.8	173.6
$\sum$	28	140	208.5	717.0

$$\begin{cases} a\sum_{i=0}^{7} t_i^{\ 2} + b\sum_{i=0}^{7} t_i = \sum_{i=0}^{7} y_i t_i \\ a\sum_{i=0}^{7} t_i + 8b = \sum_{i=0}^{7} y_i \end{cases}$$

$$\begin{cases} 140a + 28b = 717 \\ 28a + 8b = 208.5 \end{cases}$$

解方程组得 $a=-0.3036$，$b=27.0125$

经验公式 $y=f(t) = -0.3036t+27.0125$

t_i	0	1	2	3	4	5	6	7
实测的 y_i/mm	27.0	26.8	26.5	26.3	26.1	25.7	25.3	24.8
算得的 $f(t_i)$ /mm	27.125	26.821	26.518	26.214	25.911	25.607	25.303	25.000
偏差	-0.125	-0.021	-0.018	0.086	0.189	0.093	-0.003	-0.200

偏差的平方和 $M = 0.108165$

均方误差 $\sqrt{M} = 0.329$ ⟹ 反映了用经验公式近似表达函数关系的近似程度的好坏。

三、课堂小结------2 min

1. 情境引入；
2. 最小二乘法的探寻；
3. 最小二乘法的定义；
4. 利用最小二乘法得出经验公式。

四、课后思考与作业布置------2 min

在研究某单分子化学反应速度时

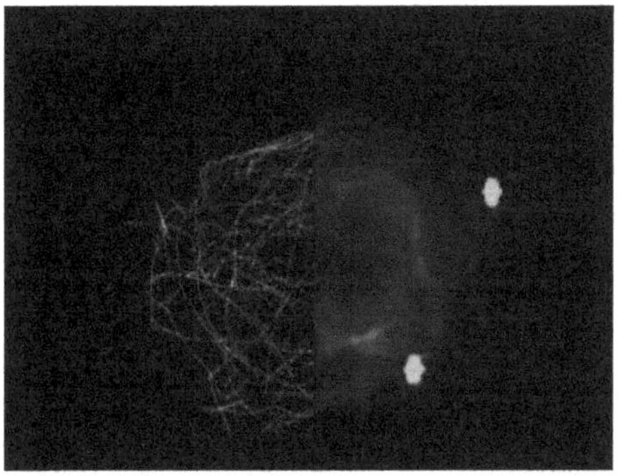

得到下列数据：

顺序编号 i	1	2	3	4	5	6	7	8
时间 τ_i	3	6	9	12	15	18	21	24
反应物的量 y_i	57.6	41.9	31.0	22.7	16.6	12.2	8.9	6.5

试根据上述数据定出经验公式

$$y=f(\tau)$$

五、课程思政--------------------2 min

世界著名数学家、物理学家：高斯。

享有“数学王子”的美誉。18岁的高斯发现了最小二乘法，高斯在最小二乘法基础上创立的测量平差理论的帮助下，测算出了小行星谷神星的运行轨迹。

用世界著名数学家、物理学家的事迹和成就激励学生勇于创新、敢于拼搏，让未知变已知，发现更多的奥秘！

六、学生补充笔记与讨论、教师答疑--------------------2 min

第八章　重积分及其应用教学设计案例

第一节　“牟合方盖与曲顶柱体体积”教学设计

授课题目：牟合方盖与曲顶柱体体积

授课时数：45 min（1 学时）

教学课型：理论课

所属学科：数学

教　　材：同济大学数学系编，《高等数学》，高等教育出版社，2014 年 7 月

授课对象：非数学专业大学一年级本科生

一、内容分析

“牟合方盖与曲顶柱体体积”是第十章“重积分”的第二节，其中利用二重积分的几何意义计算曲顶柱体的体积，从而计算牟合方盖的体积是本节的重点，如何画出或者想象出空间立体的图形、找准曲顶柱体的顶面和底，从而写出二重积分的被积函数和积分区域是本节的难点。这部分内容是学习二重积分的概念和计算以后，二重积分在体积中的一个应用。牟合方盖是一种曲顶柱体，根据对牟合方盖的历史溯源，可以让学生了解中国古代的数学大师如何在实际中发现数学问题，并坚持不懈地探索，从而解决问题的过程。同时，这也是应用数学知识解决实际问题的典型知识，让学生在学习的过程中感到数学的应用价值、数学图形的美、数学思维的艺术。

很多空间曲面相交以后，会构成一些空间立体，比如：牟合方盖。这些立体不仅图形好看，在现实中还有应用价值，我们经常需要求出这些立体的体积。这些立体通过适当的分割，可以看成是曲顶柱体，而曲顶柱体在二重

积分的概念中已经介绍了，而类似于牟合方盖这样的曲顶柱体的体积计算是学习中的一个难点，因此，在学完二重积分的概念和计算后，进一步系统地研究曲顶柱体的体积问题是很有必要的。

二、学情分析

高等数学课程的主要内容是微积分，学生在高中阶段已经学过一部分内容，主要是一元函数的微积分，但是，对于多元函数的微积分是没有接触过的，这一节内容是多元积分的应用。在现实生产生活中，许多问题需要用二重积分来解决，曲顶柱体体积的计算就需要用到二重积分，而牟合方盖体积的计算又需要结合曲顶柱体体积的计算，教师通过对牟合方盖体积计算的分析，为学生展现微元法在多元函数微积分中的应用，得到牟合方盖体积计算的方法和结果。

三、教学目标

［知识目标］1. 了解牟合方盖及其历史；

2. 理解二重积分的几何意义；

3. 掌握利用二重积分求曲顶柱体体积的方法。

［能力目标］通过对牟合方盖体积问题的分析，培养学生运用形象思维和逻辑思维分析和解决问题的能力。通过对曲顶柱体体积的计算，培养学生准确运用二重积分的计算能力和思辨能力。

［情感目标］通过对牟合方盖的历史溯源，了解中国古代数学家的研究与探索的过程，启发学生对现实问题的思考，激发学生运用数学知识探究现实问题的兴趣。

四、教学重点与难点

1. 教学重点

（1）利用二重积分的几何意义计算曲顶柱体的体积；

（2）计算牟合方盖的体积。

2. 教学难点

（1）如何画出或者想象出空间立体的图形；

（2）如何找准曲顶柱体的顶面和底，从而写出二重积分的被积函数和积分区域。

五、教学方法

1. 综合运用讲授法、探究法、问题教学法激发学生学习兴趣。

2. 任务驱动式教学：以完成“任务”为线索，引导学生自主思考，从而寻得解决问题的方法。

3. 研讨式教学：将学生分成几个小组，各小组对教师的提问进行讨论，在教师的引导下，各小组再互相交流，从而得出最优的解决方案。

4. 启发式教学：启发学生分析问题，联系数学知识，解决实际问题。

六、教学手段

1. 多媒体辅助教学：借助多媒体信息技术，加入丰富的视频、动画，使数学教学更直观、更生动，从而激发学生学习数学的兴趣。

2. 信息化教学：借助信息化教学平台——学习通，向学生发送学习资料、进行问题探讨、回答学生问题、统计回答问题情况、在线批改作业等。

3. 实物演示教学：演示实物或自制的教学模型，帮助学生理解数学问题。

七、教学过程

教学环节	教师活动	学生活动	设计意图	时间
导入新课	情境引入 给出牟合方盖的图形 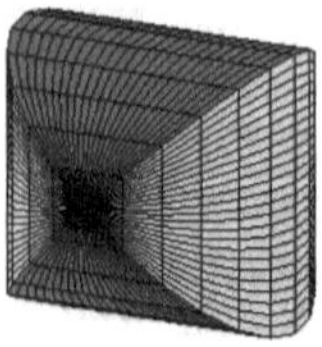 提出：牟合方盖的体积应该如何计算？	体会教师所介绍的素材，积极展开思考	激发学生探究实际问题，感受数学在现实中的应用	2 min

续表

教学环节	教师活动	学生活动	设计意图	时间
课程思政	【牟合方盖历史溯源】 刘徽为了计算球的体积，提出了牟合方盖，求出牟合方盖的体积，就可以求出圆的体积，但他没有成功。在刘徽之后约 200 年，祖冲之的儿子祖暅解决了此问题。  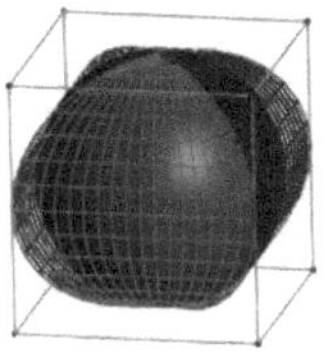	学生在教师的引导、启发下追溯历史，感受中国古代数学家探究真理的过程	通过数学历史、数学文化让学生感受祖国的强大和民族自豪感，激励自己勇于探索，求取真知	2 min
教学过程	【二重积分的几何意义】曲顶柱体体积 底：xOy 面上的闭区域 D 顶：曲面 $z=f(x,y)$ 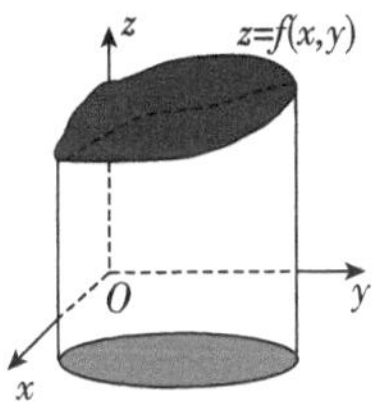	学生在教师的讲解下观察、思考	通过多媒体演示和立体图形的分析，展示图形之美和空间感	35 min
	【曲顶柱体体积】二重积分 关键找准二重积分的： （1）被积函数 （2）积分区域	学生通过观察，确定二重积分	拓展学生知识面，培养学生创新意识与能力	
	【解决问题】牟合方盖的体积 牟合方盖的体积 $=\dfrac{16}{3}R^3$	思考如何利用曲顶柱体体积的计算方法解决问题	培养学生自主探究能力与创新能力	
小结	1. 牟合方盖历史溯源； 2. 二重积分的几何意义； 3. 曲顶柱体体积； 4. 牟合方盖体积。	学生积极参与课堂小结	帮助学生梳理知识点，更好地理清思路，从而掌握本次课的重点和难点	2 min

续表

教学环节	教师活动	学生活动	设计意图	时间
思考题与作业	1. 计算由 $z=\sqrt{16-x^2-y^2}$ 和 $z=2$ 所围成的立体的体积 2. 计算球体 $x^2+y^2+z^2\leqslant 4a^2$ 被圆柱面 $x^2+y^2=2ax(a>0)$ 所截得的（含在圆柱面内的部分）立体的体积 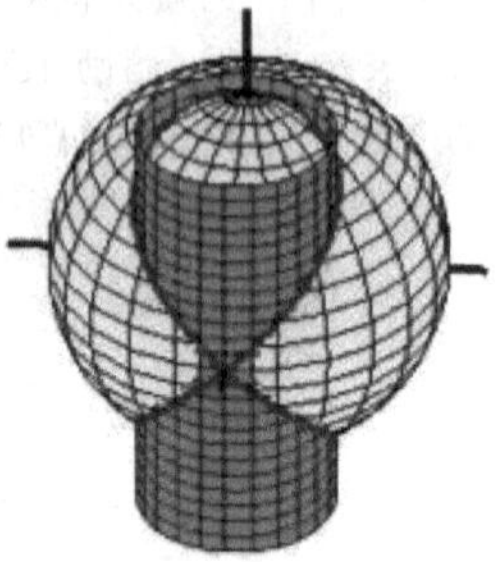	巩固所学知识	检验课堂学习效果，培养学生自主学习和探究创新的能力	2 min
答疑讨论	教师答疑	学生补充笔记，师生互相讨论	对所学内容做进一步的思考，探讨知识点，让学生在课堂上更好地理解数学概念	2 min

八、参考资料

［1］同济大学数学系．高等数学[M]．北京：高等教育出版社，2014：135-160.

［2］黄立宏．高等数学[M]．北京：北京大学出版社，2018：98-106.

［3］李建平，曹定华．微积分［M］．上海：复旦大学出版社，2015：239-255.

［4］李春雷．从斜切圆柱到牟合方盖的探究［J］．数学通报，2016（4）：20-25.

［5］张东海．牟合方盖曲面的参数方程及其在 GeoGebra 中的应用［J］．中学数学月刊，2015，6：48-50.

九、教学反思

“牟合方盖与曲顶柱体体积”这一节课是二重积分应用中的一个知识点，选择牟合方盖进行研究，因为它起源于球体积公式的推导，是我国古代数学家刘徽提出来的，后来又由祖暅求出了它的体积，这些数学历史激励着我们要继续前行，勇于探索！因为牟合方盖的1/8是曲顶柱体，因此，本节课需要给出曲顶柱体体积的计算方法，最后，又给出了形状美丽的空间立体（也是曲顶柱体），让学生用学过的方法去自主思考，又激起了学生的探索热情，授之以鱼不如授之以渔，教学的最终目的在于教学生学会思考，因此，启发式教学贯穿了整个教学过程。

这节课主要存在的问题：

1. 与牟合方盖和曲顶柱体的体积相关的实际问题的挖掘还不够。

2. 课前准备资料的发放还不够。

3. 研讨式教学的深度不够：部分学生在研讨过程中找准了答案，但是还有不少学生是人云亦云，是否真的理解了问题的实质不得而知。

改进措施：

1. 加强与其他学科的融合，了解更多的学科知识。

2. 增加参考资料的数量，加强课前准备工作。

3. 建立研讨式教学的评价模式，促使学生真正参与到研讨式教学中。

通过这次课堂教学反思，在今后的教学中，要改进不足之处，争取更好的教学效果！

附：

教学内容

一、情境引入--2 min

【实物演示】

提出问题——这个立体图形好看吗？它是什么图形，它的体积如何计算？

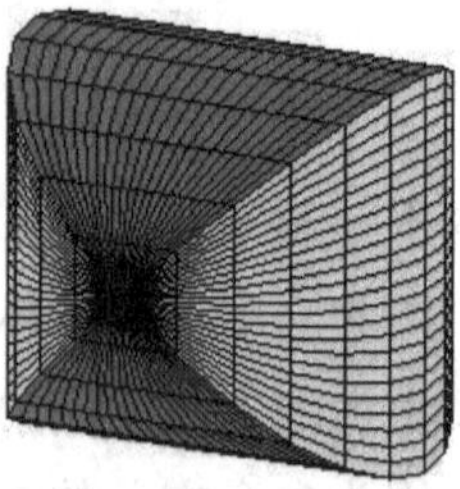

回答：这个立体图形叫牟合方盖，下面我们就先来介绍一下它的产生过程和历史意义。

二、讲授新课--35 min

1. 牟合方盖历史溯源

刘徽（约 225 年—295 年），魏晋年间人。自幼好学，尤喜数学。据《隋书 · 律历志》记载，他于公元 263 年撰《九章算术注》。最突出的成就是割圆术和体积理论。

刘徽（约 225 年—295 年）

刘徽为了计算球的体积，他将正立方体用圆柱从纵横两侧面作内切圆柱体，两圆柱体的公共部分，刘徽将其命名为——牟合方盖。

【PPT 动画演示】

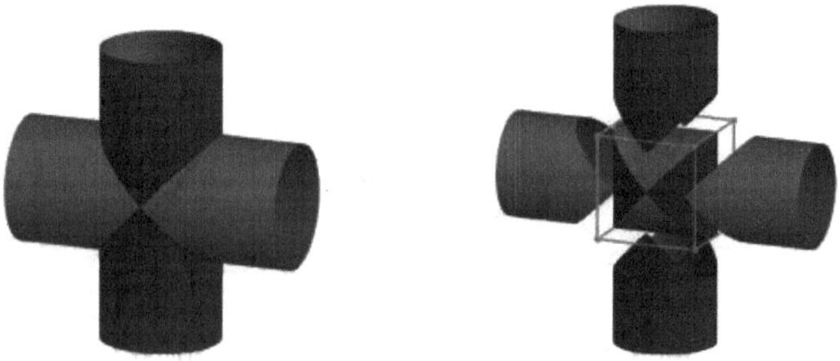

牟合方盖像是上下相对的两把方伞一样的立体图形

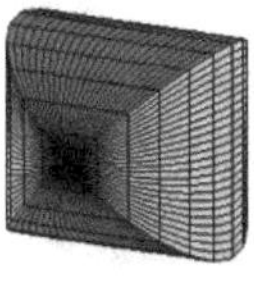

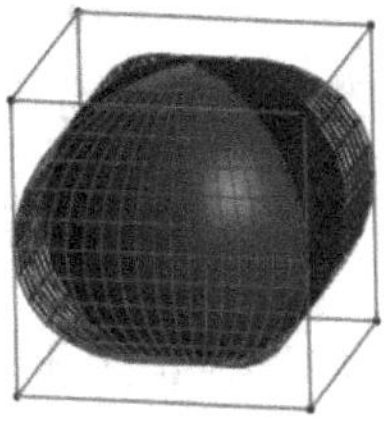

刘徽所用截面法：

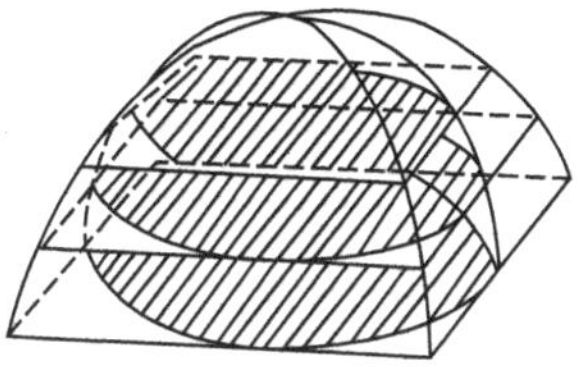

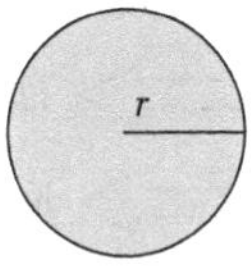

用水平截面去截牟合方盖与它的内切球，所得截面为：

$S_{圆} : S_{方} = \pi r^2 : 4r^2$

$V_{球} : V_{牟} = \pi : 4$

内切球的体积 ⟹ 牟合方盖的体积

但是，刘徽并没有计算出牟合方盖的体积，在他之后约 200 年，中国南北朝时期杰出的数学家、天文学家祖冲之（429 年—500 年）的儿子祖暅（456 年—536 年）（祖暅原理：“缘幂势既同，则积不容异”），祖暅应用这个原理，解决了刘徽尚未解决的球体积公式。该原理在西方直到 17 世纪才由意大利数学家卡瓦列利（Bonaventura Cavalieri）发现，比祖暅晚 1 100 多年。

祖冲之（429 年—500 年）

祖暅（456 年—536 年）

2. 二重积分的几何意义

【PPT 课件演示】

$\iint\limits_D f(x, y)\mathrm{d}\sigma$ = 曲顶柱体体积。

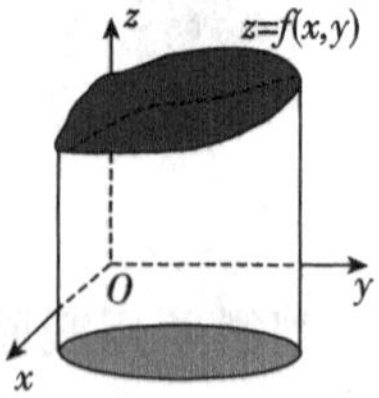

底：xOy 面上的闭区域 D；

顶：曲面 $z=f(x, y)$ 。

3. 曲顶柱体体积

曲顶柱体体积 = $\iint\limits_D f(x, y)\mathrm{d}\sigma$ 。

被积函数 ⟹ 顶：曲面 $z=f(x, y)$ ；

积分区域 ⟹ 底：xOy 面上的闭区域 D。

例：计算双曲抛物面 $z=xy$ 和圆柱面 $x^2+y^2=1$ 所围成的立体的体积。

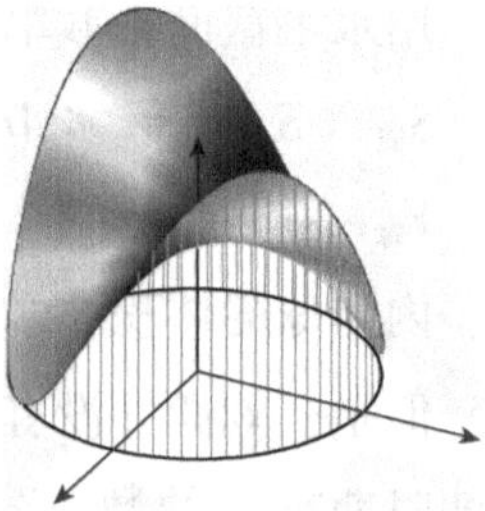

分析：顶：曲面 $z=f(x, y)$ ；

底：xOy 面上的圆内的区域；

曲顶柱体体积 = $\iint\limits_D f(x, y)\mathrm{d}\sigma$ 。

解：被积函数 ⟹ 顶：曲面 $z=f(x, y)$

积分区域 ⟹ 底：xOy 面上的圆内的区域

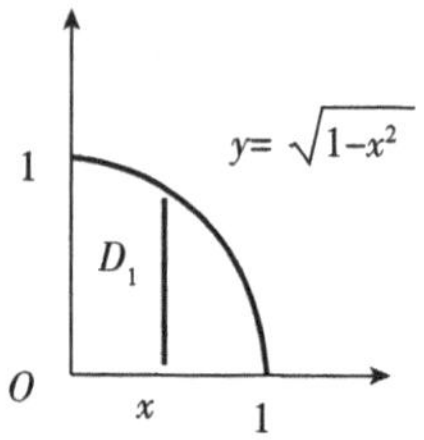

$$
\begin{aligned}
\text{曲顶柱体体积} &= \iint\limits_D xy\mathrm{d}\sigma = \iint\limits_D f(x, y)\mathrm{d}\sigma \\
&= 4\iint\limits_{D_1} xy\mathrm{d}\sigma \\
&= 4\int_0^1 \mathrm{d}x\int_0^{\sqrt{1-x^2}} xy\mathrm{d}y \\
&= 4\int_0^1 \left[\frac{x}{2}y^2\right]_0^{\sqrt{1-x^2}} \mathrm{d}x \\
&= 4\int_0^1 \left[\frac{x}{2}(1-x^2)\right]\mathrm{d}x \\
&= 2\int_0^1 (x-x^3)\mathrm{d}x
\end{aligned}
$$

$$=(x^2-\frac{x^4}{2})\Big|_0^1=\frac{1}{2}$$

4. 解决问题——牟合方盖的体积

【PPT 课件演示】

两个底圆半径都是 R 的圆柱面垂直相交

根据对称性：$V=8V_1$

V_1 是牟合方盖在第一卦限的体积

$x^2+y^2=R^2 \Longrightarrow y=\sqrt{R^2-x^2}$

$x^2+z^2=R^2 \Longrightarrow z=\sqrt{R^2-x^2}$

牟合方盖在第一卦限的体积 V_1 = 曲顶柱体体积

曲顶柱体体积 $=\iint\limits_D f(x,\ y)\mathrm{d}\sigma$

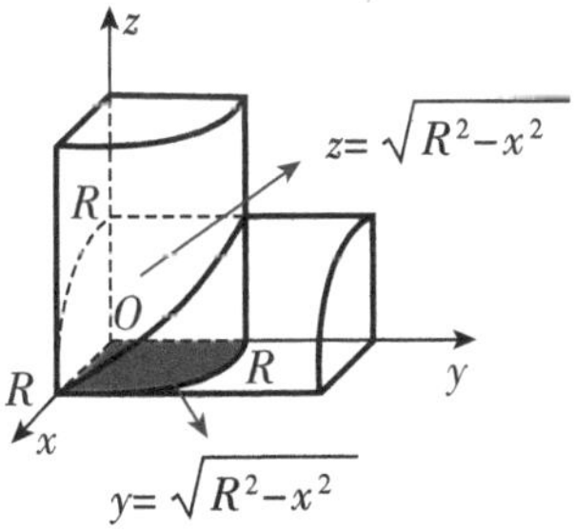

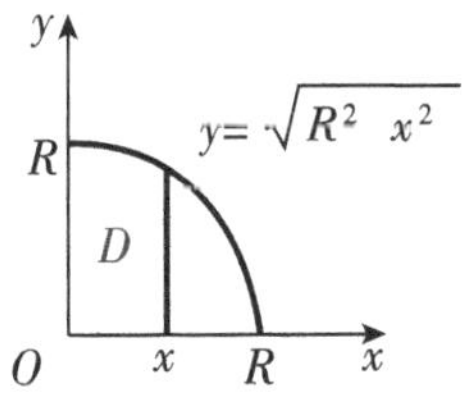

被积函数 $\Longrightarrow$ 顶：曲面 $z=\sqrt{R^2-x^2}$

积分区域 $\Longrightarrow$ 底：xOy 面上的 1/4 圆内的区域

$$V_1=\iint\limits_D \sqrt{R^2-x^2}\,\mathrm{d}\sigma$$

$$=\int_0^R\left[\int_0^{\sqrt{R^2-x^2}}\sqrt{R^2-x^2}\,\mathrm{d}y\right]\mathrm{d}x$$

$$=\int_0^R\left[\sqrt{R^2-x^2}\,y\right]_0^{\sqrt{R^2-x^2}}\mathrm{d}x$$

$$=\int_0^R(R^2-x^2)\,\mathrm{d}x$$

$$=\frac{2}{3}R^3$$

所以，$V=8V_1=\frac{16}{3}R^3$　　牟合方盖的体积$=\frac{16}{3}R^3$

三、课程思政--------------------2 min

学生在教师的引导、启发下追溯历史，感受中国古代数学家探究真理的过程。通过数学历史、数学文化让学生感受祖国的强大和民族自豪感，激励自己勇于探索，求取真知。

四、课堂小结--------------------2 min

1. 牟合方盖历史溯源；
2. 二重积分的几何意义；
3. 曲顶柱体体积；
4. 牟合方盖体积。

五、课后思考与作业布置--------------------2 min

1. 计算由 $z=\sqrt{16-x^2-y^2}$ 和 $z=2$ 所围成的立体的体积。

2. 计算球体 $x^2+y^2+z^2\leqslant 4a^2$ 被圆柱面 $x^2+y^2=2ax(a>0)$ 所截得的（含在圆柱面内部分）立体的体积。

【**PPT** 课件演示】

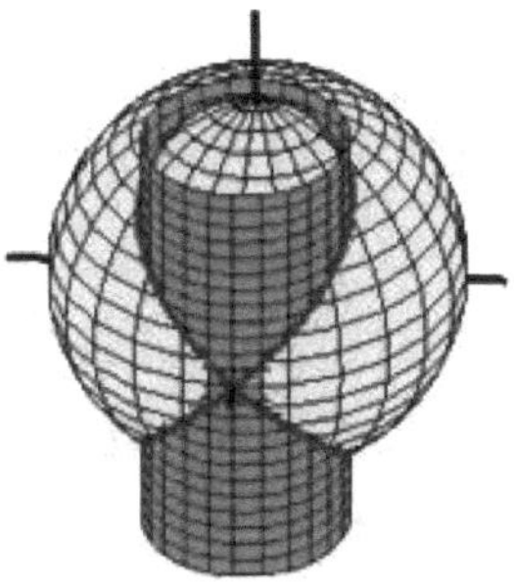

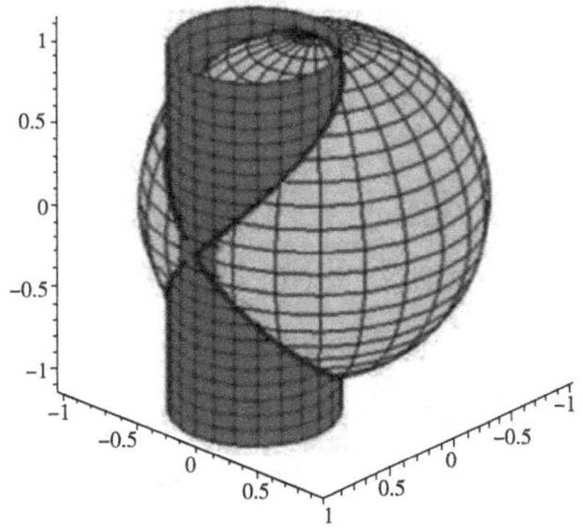

六、学生补充笔记与讨论、教师答疑--------------------2 min

第二节　“曲面的面积”教学设计

授课题目：曲面的面积

授课时数：45 min（1 学时）

教学课型：理论课

所属学科：数学

教　　材：同济大学数学系编，《高等数学》，高等教育出版社，2014 年 7 月

授课对象：非数学专业大学一年级本科生

一、内容分析

“曲面的面积”是第十章“重积分”的第四节中的内容，其中曲面面积的公式推导、曲面面积的计算和如何用微元法的思想求出面积微元是本节的重点和难点。这部分内容是微元分析法在多元积分中的应用，它是一元函数微积分的推广，同时，也是应用数学知识解决实际问题的典型知识，让学生在学习的过程中感到数学的应用价值以及在解决实际问题中的巨大作用。

日常生活中，除了像圆柱面、球面这些特殊的曲面以外，经常会遇到各种不规则的曲面，如何求出不规则曲面的面积，是我们需要解决的实际问题。因此，研究各种不同曲面的面积问题很有必要。

二、学情分析

高等数学课程的主要内容是微积分，学生在高中阶段已经学过一部分内容，主要是一元函数的微积分，但是，对于多元函数的微积分是没有接触过的，这一节内容是多元积分的应用。在现实生产生活中，许多问题的解决需要用二重积分来解决，曲面面积的计算就需要用到二重积分，教师通过对曲面面积计算的分析，为学生展现了微元法在多元函数微积分中的应用，并推导出曲面面积的计算公式。

三、教学目标

［知识目标］1. 掌握曲面面积公式的推导方法；
2. 深刻理解微元分析法在曲面面积推导中的应用；
3. 掌握曲面面积的计算；
4. 了解现实生活中的曲面面积的计算方法。

［能力目标］通过对曲面面积计算问题的分析，培养学生运用形象思维和逻辑思维分析和解决问题的能力，并且，提高学生运用数学方法解决实际问题的能力。

［情感目标］将曲面面积计算问题和现实中的建筑物顶面的面积以及材料的预算问题联系起来，让学生感受数学的直观性，领略数学的应用价值，提高学习高等数学的兴趣。

四、教学重点与难点

1. 教学重点

（1）曲面面积的公式推导；

（2）曲面面积的计算。

2. 教学难点

（1）如何用微元法的思想求出面积微元；

（2）如何分析现实问题，利用曲面面积的计算，解决现实中的具体问题。

五、教学方法

1. 综合运用讲授法、探究法、问题教学法激发学生学习兴趣。

2. 任务驱动式教学：以完成“任务”为线索，引导学生自主思考，从而寻得解决问题的方法。

3. 研讨式教学：将学生分成几个小组，各小组对教师的提问进行讨论，在教师的引导下，各小组再互相交流，从而得出最优的解决方案。

4. 启发式教学：启发学生分析问题，联系数学知识解决实际问题。

六、教学手段

1. 多媒体辅助教学：借助多媒体信息技术，加入丰富的视频、动画，使数学教学更直观、更生动，从而激发学生学习数学的兴趣。

2. 信息化教学：借助信息化教学平台——学习通，向学生发送学习资料、进行问题探讨、回答学生问题、统计回答问题情况、在线批改作业等。

3. 实物演示教学：演示实物或自制的教学模型，帮助学生理解数学问题。

七、教学过程

教学环节	教师活动	学生活动	设计意图	时间
导入新课	情境引入 许多建筑物的顶面都是曲面  提出：这些建筑物顶面的表面积如何计算呢？	体会教师所介绍的素材，积极展开思考	激发学生探究实际问题，感受数学在现实中的应用	2 min

续表

教学环节	教师活动	学生活动	设计意图	时间
	特殊曲面的面积： 已经学过圆柱面、球面的表面积公式 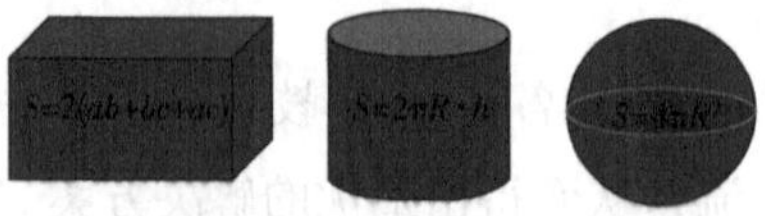	学生在教师的引导下回顾已学知识	通过复习所学的公式，探索未知的面积公式	
	一般曲面的面积 $S=\iint\limits_{D}\sqrt{1+f_x^2(x,y)+f_y^2(x,y)}\,\mathrm{d}\sigma$	学生在教师的带领下利用微元法积极推导曲面面积公式	通过曲面面积公式的推导，进一步熟悉微元分析法	
	曲面面积计算步骤： （1）通过曲面方程，确定被积函数 （2）求出投影区域，确定积分区域 （3）写出二重积分，求出曲面面积	自主归纳曲面面积的计算步骤	通过归纳小结，理清思路，明确曲面面积公式中的关键点	
教学过程	【解决问题】建筑物顶面的表面积 问题转化——开口朝下的旋转抛物面的面积  实际应用：国家大剧院建筑材料的测算   解决方案：先求出曲面面积，再用总面积除以每一块玻璃的面积，可以得到所需玻璃数量的近似值。	充分运用所学知识解决现实问题	培养学生自主探究能力与创新能力，提高学生分析现实问题的能力，将实际问题转化为数学问题，从而得出解决实际问题的方法	35 min

续表

教学环节	教师活动	学生活动	设计意图	时间
小结	1. 提出问题 2. 特殊曲面的面积 3. 一般曲面的面积 4. 解决问题，实际应用	学生积极参与课堂小结	帮助学生梳理知识点，更好地理清思路，从而掌握本次课的重点和难点	2min
思考题与作业	设有一颗地球同步轨道通信卫星，距地面的高度为 36 000 km，运行的角速度与地球自转的角速度相同，即人们看到它在天空静止不动。试问至少需要几颗这样的通信卫星，就可以将信号覆盖几乎地球的全部表面？（地球半径 $R=64\ 000$ km） 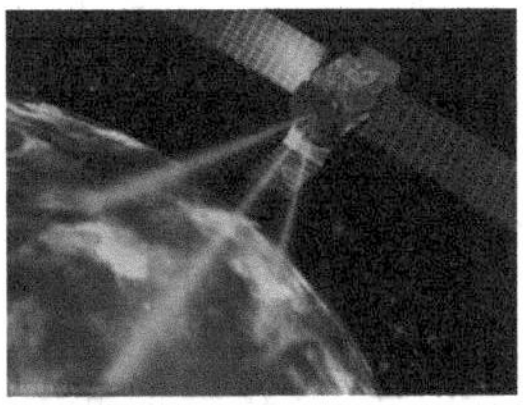	巩固所学知识	检验课堂学习效果，培养学生自主学习和探究创新的能力	2 min
课程思政	中国著名数学家：苏步青 中国微分几何学派创始人，被誉为“东方国度上灿烂的数学明星”“东方第一几何学家”“数学之王”。 他曾说道：“爱祖国，为祖国的前途而奋斗，是时代赋予我们的神圣职责！”	倾听爱国数学家的事迹、成就，感受爱国数学家对祖国的热爱之情	用爱国数学家的事迹和成就激励学生努力学习、刻苦钻研，同时，对学生进行爱国主义教育，为祖国的前途而奋斗	2 min
答疑讨论	教师答疑	学生补充笔记，师生互相讨论	对所学内容做进一步的思考，探讨知识点，让学生在课堂上更好地理解数学概念	2 min

八、参考资料

[1] 同济大学数学系．高等数学[M]．北京：高等教育出版社，2014：168-172.

[2] 黄立宏．高等数学[M]．北京：北京大学出版社，2018：126-130.

[3] 陈珍培．旋转曲面面积的近似计算 [J]．高等数学研究，2018，3(2)：58-60.

[4] 王培吉．空间情形下旋转曲面面积的计算 [J]．高师理科学刊，2014，1（1）：5-6.

[5] 夏军剑，刘俊峰，张新巍．利用数值微分公式计算曲面面积 [J]．科技资讯，2014，9：238-240.

九、教学反思

“曲面的面积”这一节课是二重积分应用的知识点，课程的讲解从建筑物顶面的面积计算开始，制造了悬念，激起了学生继续学习的欲望。学生在想：“我倒是要看看老师您怎么把硕大的建筑顶面的面积算出来？”而在经过教师慢慢分析以后，学生发现其实这个建筑物也是一种空间曲面，只要学会了空间曲面面积的计算，那么计算这些建筑物的顶面面积就迎刃而解了！通过这节课的学习，让学生看到了运用自己所学的高等数学知识可以求出曲面面积，还可以解决建筑物顶面所需要的建筑材料的问题，相信学生心里对数学的喜爱越来越多，惧怕越来越少了！

从课程设计上来看，提出问题—分析问题—阐明数学概念—用数学知识解决实际问题—再进一步提出问题，留待学生思考和解决，充分体现了四步循环法的作用。采取了任务驱动式教学，从创设情境、确定问题、自主学习、协作学习、效果评价等方面展开，还采取了研讨式教学、启发式教学、信息化教学、实物演示教学。

这节课主要存在的问题：

1. 与曲面面积相关的实际问题的挖掘还不够。

2. 课前准备资料的发放还不够。

3. 研讨式教学的深度不够：部分学生在研讨过程中找准了答案，但是还有不少学生是人云亦云，是否真的理解了问题的实质不得而知。

改进措施：

1. 加强与其他学科的融合，了解更多的学科知识。

2. 增加参考资料的数量，加强课前准备工作。

3. 建立研讨式教学的评价模式，促使学生真正参与到研讨式教学中。通过这次课堂教学反思，在今后的教学中，要改进不足之处，争取更好的教学效果！

附：

教学内容

一、情境引入——2 min

提出问题——许多建筑物的顶面都是曲面，那么，这些建筑物顶面的表面积如何计算呢？

【PPT 实物演示】

二、讲授新课——35 min

1. 特殊曲面的面积

【PPT 课件演示】

2. 一般曲面的面积

【PPT 课件演示】

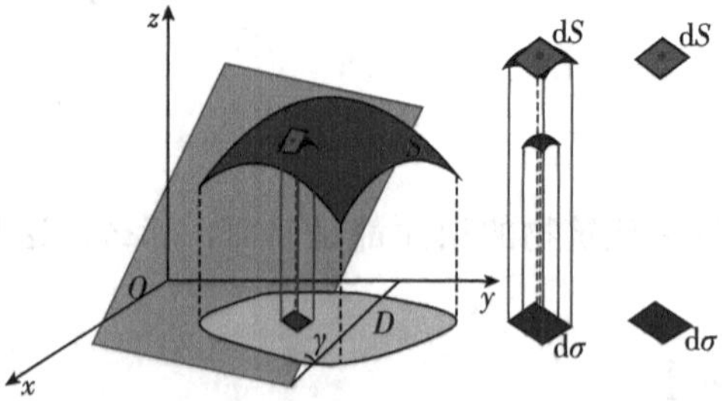

因为 $\dfrac{d\sigma}{dS}=\cos\gamma$

$dS=\dfrac{d\sigma}{\cos\gamma}$

$\cos\gamma=\dfrac{1}{\sqrt{1+f_x^2(x,\ y)+f_y^2(x,\ y)}}$

面积微元 $dS=\sqrt{1+f_x^2(x,\ y)+f_y^2(x,\ y)}\,d\sigma$

曲面面积 $S=\iint\limits_D\sqrt{1+f_x^2(x,\ y)+f_y^2(x,\ y)}\,d\sigma$

$S=\iint\limits_D\sqrt{1+z_x^2(x,\ y)+z_y^2(x,\ y)}\,d\sigma$

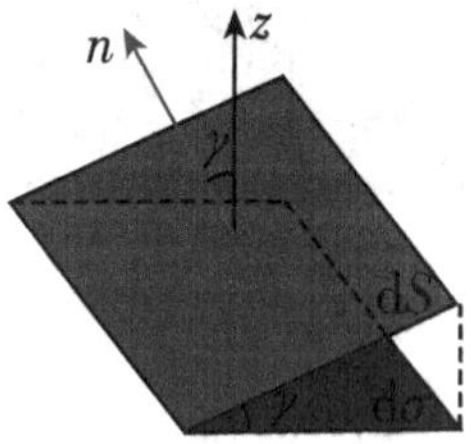

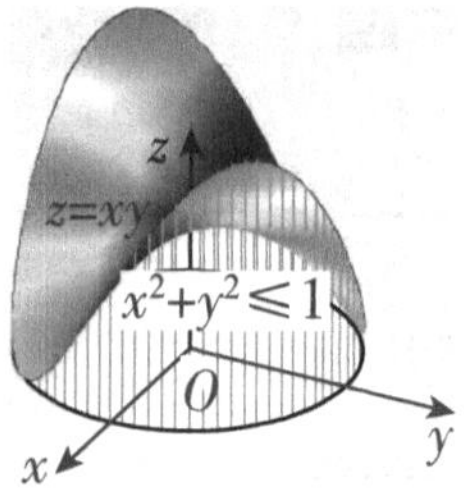

例 1：计算双曲抛物面 $z=xy$ 被圆柱面 $x^2+y^2=1$ 所截部分的面积 S。

解：曲面在 xOy 面上的投影为 D：$x^2+y^2\leqslant 1$，则

$$S=\iint\limits_D\sqrt{1+z_x^2+z_y^2}\,dxdy$$

$$=\iint\limits_D\sqrt{1+x^2+y^2}\,dxdy$$

$$=\iint\limits_D\sqrt{1+r^2}\,rdrd\theta$$

$$=\int_0^{2\pi}\mathrm{d}\theta\int_0^1\sqrt{1+r^2}\,r\mathrm{d}r$$

$$=\frac{2}{3}\pi(2\sqrt{2}-1)$$

例 2：求半径为 a 的球的表面积。

解：取上半球面方程为 $z=\sqrt{a^2-x^2-y^2}$，则它在 xOy 面上的投影区域 D 可表示为 $x^2+y^2\leqslant a^2$

由
$$\frac{\partial z}{\partial x}=\frac{-x}{\sqrt{a^2-x^2-y^2}}$$
$$\frac{\partial z}{\partial y}=\frac{-y}{\sqrt{a^2-x^2-y^2}}$$

得
$$\sqrt{1+\left(\frac{\partial z}{\partial x}\right)^2+\left(\frac{\partial z}{\partial y}\right)^2}=\frac{a}{\sqrt{a^2-x^2-y^2}}$$

因为这函数在闭区域 D 上无界，不能直接应用曲面面积公式，由广义积分得

$$A=2\iint_D\frac{a}{\sqrt{a^2-x^2-y^2}}\mathrm{d}x\mathrm{d}y$$

用极坐标，得

$$A=2a\int_0^{2\pi}\mathrm{d}\theta\int_0^a\frac{r}{\sqrt{a^2-r^2}}\mathrm{d}r=4\pi a^2$$

例 3：求旋转抛物面 $z=\frac{1}{2}$（x^2+y^2）被圆柱面 $x^2+y^2=R^2$ 所截下部分的曲面面积 S。

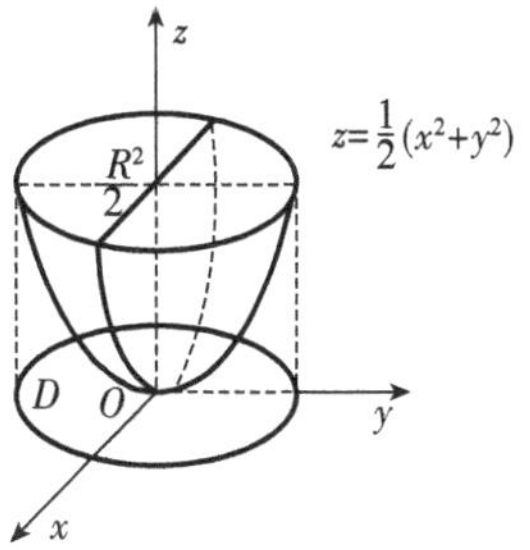

解：曲面的图形如上图所示。曲面的方程为 $z=\frac{1}{2}(x^2+y^2)$，它在 xOy 坐标面上的投影区域为 D；$x^2+y^2=r^2\leqslant R^2$，即 $r\leqslant R$

由
$$\frac{\partial z}{\partial x}=x,\ \frac{\partial z}{\partial y}=y$$

得
$$S=\iint_D\sqrt{1+\left(\frac{\partial z}{\partial x}\right)^2+\left(\frac{\partial z}{\partial y}\right)^2}\mathrm{d}x\mathrm{d}y$$
$$=\iint_D\sqrt{1+x^2+y^2}\mathrm{d}x\mathrm{d}y$$

用极坐标，则
$$S=\iint_D\sqrt{1+r^2}r\mathrm{d}r\mathrm{d}\theta=\int_0^{2\pi}\mathrm{d}\theta\int_0^R r\sqrt{1+r^2}\mathrm{d}r$$
$$=2\pi\cdot\frac{1}{2}\int_0^R\sqrt{1+r^2}\mathrm{d}(1+r^2)=\frac{2}{3}\pi[(1+R^2)^{\frac{3}{2}}-1]$$

3. 曲面面积计算步骤

（1）通过曲面方程，确定被积函数；

（2）求出投影区域，确定积分区域；

（3）写出二重积分，求出曲面面积。

4. 解决问题——建筑物顶面的表面积

问题转化——开口朝下的旋转抛物面的面积。

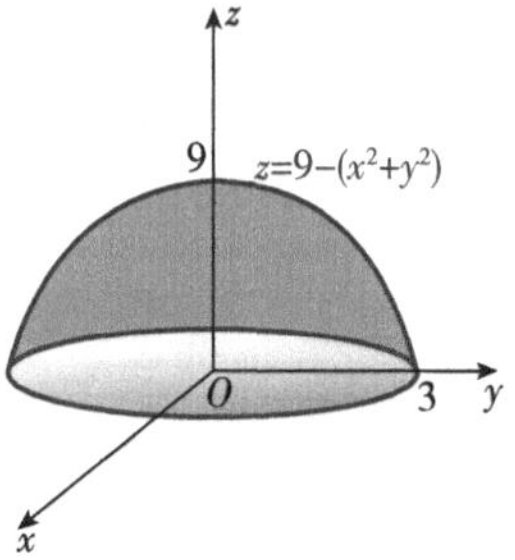

假设曲面方程：$z=9-(x^2+y^2)$

$$S=\iint_D\sqrt{1+(-2x)^2+(-2y)^2}\mathrm{d}\sigma$$
$$=\iint_D\sqrt{1+4x^2+4y^2}\mathrm{d}\sigma$$

$$= \iint_D \sqrt{1+4r^2}\, grdrd\theta$$

$$= \int_0^{2\pi} d\theta \int_\pi^3 \sqrt{1+4r^2}\, grd\theta$$

$$= \frac{\pi}{6}(37\sqrt{37}-1) \approx 117.26\ \mathrm{m}^3$$

【PPT 实物演示】

实际应用：国家大剧院建筑材料的测算(先求出曲面面积，再用总面积除以每一块玻璃的面积，可以得到所需玻璃数量的近似值)。

三、课堂小结--2 min

1. 提出问题——建筑物顶面的表面积；
2. 特殊曲面的面积；
3. 一般曲面的面积；
4. 解决问题，实际应用。

四、课后思考与作业布置--------------------------------2 min

1. 设有一颗地球同步轨道通信卫星，距地面的高度为 36 000 km，运行的角速度与地球自转的角速度相同，即人们看到它在天空静止不动。试问至少需要几颗这样的通信卫星，就可以将信号覆盖几乎地球的全部表面？（地球半径 $R=64\ 000$ km）

五、课程思政--2 min

中国著名数学家：苏步青

中国微分几何学派创始人，被誉为“东方国度上灿烂的数学明星”“东方第一几何学家”“数学之王”。

他曾说道：“爱祖国，为祖国的前途而奋斗，是时代赋予我们的神圣职责！”

用爱国数学家的事迹和成就激励学生努力学习、刻苦钻研，同时，对学生进行爱国主义教育，为祖国的前途而奋斗！

六、学生补充笔记与讨论、教师答疑-------------------2 min

第九章　曲线积分与曲面积分教学设计案例

“对弧长的曲线积分”教学设计

授课题目：对弧长的曲线积分

授课时数：45 min（1 学时）

教学课型：理论课

所属学科：数学

教　　材：同济大学数学系编，《高等数学》，高等教育出版社，2014 年 7 月

授课对象：非数学专业大学一年级本科生

一、内容分析

“对弧长的曲线积分”是第十一章“曲线积分与曲面积分”的第一节中的内容，其中对弧长的曲线积分的定义、对弧长的曲线积分的计算和对弧长的曲线积分的定义的推导过程、运用对弧长的曲线积分解决实际问题是本节的重点和难点。这部分内容是一元函数积分的推广，同时，它也是应用数学知识解决实际问题的典型知识，让学生在学习的过程中感到数学的应用价值以及数学在解决实际问题中的巨大作用。

二、学情分析

学生在高中阶段学过简单的定积分，曲线积分是在高等数学下册中才学习到的，需要具备一定的微积分的基础，这一部分内容是定积分的推广，难度要比定积分大一些，因此，需要学生要把握要点，从实际问题出发，充分

理解概念和计算。

三、教学目标

[知识目标] 1. 掌握对弧长的曲线积分的定义；
2. 掌握对弧长的曲线积分的计算；
3. 理解对弧长的曲线积分的定义的推导过程；
4. 运用对弧长的曲线积分解决实际问题。

[能力目标] 通过对弧长的曲线积分问题的分析，培养学生运用形象思维和逻辑思维分析和解决问题的能力，并且，提高学生运用数学方法解决实际问题的能力。

[情感目标] 将弧长的曲线积分问题和现实中的曲线形构件的质量问题联系起来，让学生感受数学的直观性，领略数学的应用价值，提高学习高等数学的兴趣。

四、教学重点与难点

1. 教学重点

（1）对弧长的曲线积分的定义；

（2）对弧长的曲线积分的计算。

2. 教学难点

（1）对弧长的曲线积分的定义的推导过程；

（2）运用对弧长的曲线积分解决实际问题。

五、教学方法

1. 综合运用讲授法、探究法、问题教学法激发学生学习兴趣。

2. 任务驱动式教学：以完成“任务”为线索，引导学生自主思考，从而寻得解决问题的方法。

3. 研讨式教学：将学生分成几个小组，各小组对教师的提问进行讨论，在教师的引导下，各小组再互相交流，从而得出最优的解决方案。

4. 启发式教学：启发学生分析问题，联系数学知识解决实际问题。

六、教学手段

1. 多媒体辅助教学：借助多媒体信息技术，加入丰富的视频、动画，使数学教学更直观、更生动，从而激发学生学习数学的兴趣。

2. 信息化教学：借助信息化教学平台——学习通，向学生发送学习资料、进行问题探讨、回答学生问题、统计回答问题情况、在线批改作业等。

3. 实物演示教学：演示实物或自制的教学模型，帮助学生理解数学问题。

七、教学过程

教学环节	教师活动	学生活动	设计意图	时间
导入新课	情境引入 【研讨问题】曲线形构件的质量   共同特点：曲线形构件 质量：用秤称？ 旋转扶梯的扶手用秤称方便吗？  【提出问题】旋转楼梯扶手的方程： $x=a\cos t,\ y=a\sin t,\ z=kt$ $(0\leqslant t\leqslant 2\pi)$ 线密度： $\rho(x,y,z)=x^2+y^2+z^2$ 试求：旋转楼梯扶手的质量	体会教师所介绍的素材，积极展开思考，学生在教师的引导、启发下探究问题，分组研讨	激发学生探究实际问题，感受数学在现实中的应用	2 min

续表

教学环节	教师活动	学生活动	设计意图	时间
教学过程	【简化问题】平面曲线形构件的质量 平面曲线的方程：$x=\varphi(t)$，$y=\psi(t)(\alpha\leqslant t\leqslant\beta)$ 线密度：$\rho=\rho(x,y)$ 构件均匀：质量=线密度×曲线长度 构件不均匀：质量=? (1) 分割 用 M_1，M_2，…，M_{n-1} 将 L 分割成 n 个小段 (2) 近似代替 $\Delta m_i\approx\rho(\xi_i,\eta_i)\cdot\Delta s_i$ (3) 求和 $m=\sum\limits_{i=1}^{n}\Delta m_i\approx\sum\limits_{i=1}^{n}\rho(\xi_i,\eta_i)\Delta s_i$ (4) 取极限 $m=\lim\limits_{\lambda\to0}\rho(\xi_i,\eta_i)\Delta s_i$ (λ 表示 n 个小弧段的最大长度)	学生在教师引导、启发下，探索出平面曲线形构件的质量的解决方案	引导学生根据微元分析法，对平面曲线构件的质量进行分析，充分理解微元法的原理	35 min
	对弧长的曲线积分的定义 $\int_L f(x,y)\mathrm{d}s=\lim\limits_{\lambda\to0}\sum\limits_{i=1}^{n}f(\xi_i,\eta_i)\Delta s_i$ 推广到空间曲线的情形： $\int_\Gamma f(x,y,z)\mathrm{d}s=\lim\limits_{\lambda\to0}\sum\limits_{i=1}^{n}f(\xi_i,\eta_i,\zeta_i)\Delta s_i$	学生在教师的引导、启发下，得出对弧长的曲线积分的定义	比较定积分、二重积分的定义，用类比的方法得出对弧长的曲线积分的定义，充分展现数学知识点之间的联系	
	对弧长的曲线积分的计算 $\int_L f(x,y)\mathrm{d}s=\int_\alpha^\beta f[\varphi(t),\psi(t)]$ $\sqrt{\varphi'^2(t)+\psi'^2(t)}\,\mathrm{d}t$ 推广到空间曲线的情形： $\int_\Gamma f(x,y,z)\mathrm{d}s$ $=\int_\alpha^\beta f[\varphi(t),\psi(t),\omega(t)]$ $\sqrt{\varphi'^2(t)+\psi'^2(t)+\omega'^2(t)}\,\mathrm{d}t\quad(\alpha<\beta)$	在教师的引导下，思考对弧长的曲线积分与定积分的关系	激发学生探求未知的热情，鼓励学生自己找出研究结果	

续表

教学环节	教师活动	学生活动	设计意图	时间
教学过程	【解决问题】旋转楼梯扶手的质量  $m = \lim\limits_{\lambda\to 0}\sum\limits_{i=1}^{n}\rho(\xi_i, \eta_i, \zeta_i)\Delta s_i$ $= \int_\Gamma \rho(x, y, z)\mathrm{d}s$ $= \int_\Gamma (x^2+y^2+z^2)\mathrm{d}s$ $= \pi\sqrt{a^2+k^2}\left(2a^2+\frac{8}{3}\pi^2k^2\right)$	分组研讨，学生在教师的引导、启发下，用所学知识解决提出的问题	从提出问题、分析问题到解决问题，教师起引导作用，主要由学生自己发现和解决问题	35 min
小结	1. 情境引入 2. 对弧长的曲线积分的定义 3. 对弧长曲线积分的计算 4. 解决实际问题	学生积极参与课堂小结	帮助学生梳理知识点，更好地理清思路，从而掌握本次课的重点和难点	2 min
思考题与作业	螺旋形弹簧的方程： $x = a\cos t$，$y = a\sin t$，$z = kt(0 \leqslant t \leqslant 2\pi)$ 线密度：$\rho(x, y, z) = x^2 + y^2 + z^2$ 试求：螺旋形弹簧关于 z 轴的转动惯量 I_z 和螺旋形弹簧的质心。	巩固所学知识	检验课堂学习效果，培养学生自主学习和探究创新的能力	2 min
课程思政	中国著名数学家，中国科学院院士：华罗庚 他曾说道："宇宙之大，粒子之微，火箭之速，化工之巧，地球之变，生物之谜，日用之繁，无处不用数学！"	倾听数学家的事迹、成就，感受我国数学家对数学学科的热爱和对数学学科在现实中应用的肯定	用我国数学家的事迹和成就激励学生认真学习数学知识，并能用数学知识解决更多的实际问题	2 min
答疑讨论	教师答疑	学生补充笔记，师生互相讨论	对所学内容做进一步的思考，探讨知识点，让学生在课堂上更好地理解数学概念	2 min

八、参考资料

[1] 同济大学数学系．高等数学[M]．北京：高等教育出版社，2014：188-194.

[2] 黄立宏．高等数学[M]．北京：北京大学出版社，2018：133-137.

[3] 张辉，李应岐，敬斌，等．第一类曲线积分的计算方法［J］．高等数学研究，2015，3（2）：27-29.

[4] 汪林．第一型曲线积分的可积性条件及其应用［J］．科技导刊，2017，7：20-21.

[5] 唐国吉，郑汉术，陈晓丹．第一型曲线积分的第二中值定理［J］．广西民族大学学报（自然科学版），2013，3（1）：45-48.

九、教学反思

下面从教学设计、教学方式、存在问题 3 个方面对这节课进行反思，并提出改进措施。

（一）教学设计反思

“对弧长的曲线积分”这节课以任务驱动式教学设计为主。

1. 创设情境：通过曲线形构件的质量问题的引入，激发学生的学习兴趣。

2. 确定问题：在创设的情境下，提出螺旋形弹簧的质量应该怎样计算？

3. 自主学习、协作学习：让学生自主探索，鼓励学生相互讨论，在讨论的过程中激发出解决问题的方案。

在教学设计方面，这节课做得比较好，整条教学主线清晰，学生容易掌握主要信息。

（二）教学方式反思

1. 研讨式教学：将学生分成几个小组，各小组进行讨论、交流，培养了学生主动学习的能力。

2. 启发式教学：利用一元函数积分的思想，启发学生思考分割—近似替代—求和—取极限。

3. 信息化教学：借助信息化教学平台——学习通，向学生发送学习资料、进行问题探讨。

4. 多媒体演示教学：借助多媒体技术，将数学步骤根据思维过程，一步一步展现出来，以便于学生理解。

（三）存在问题反思

1. 对弧长曲线积分相关的实际问题的挖掘还不够。

2. 课前准备资料的发放还不够。

3. 研讨式教学的深度不够：部分学生在研讨过程中找准了答案，但是还有不少学生是人云亦云，是否真的理解了问题的实质不得而知。

（四）改进措施

1. 加强与其他学科的融合，了解更多的学科知识。

2. 增加参考资料的数量，加强课前准备工作。

3. 建立研讨式教学的评价模式，促使学生真正参与到研讨式教学中。

通过这次课堂教学反思，在今后的教学中，要改进不足之处，争取更好的教学效果！

附：

教学内容

一、情境引入--2 min

1. 研讨问题——曲线形构件的质量

【PPT 实物演示】

弹簧

联轴器罩壳

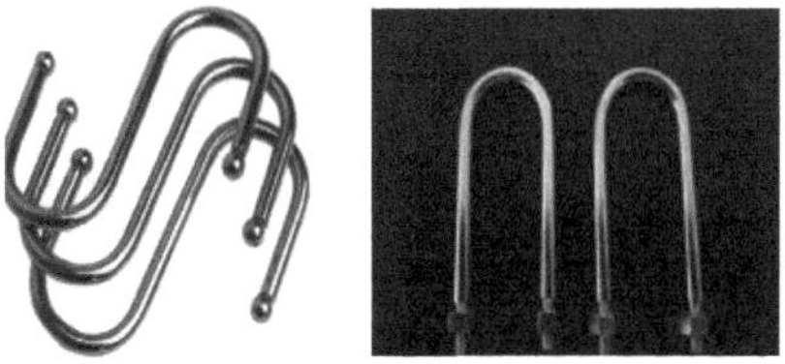

弯钩

水龙头

共同特点：曲线形构件质量（用秤称就可以了?）

旋转扶梯的扶手用秤称方便吗?

2.【提出问题】

旋转楼梯扶手的方程：$x = a\cos t$，$y = a\sin t$，$z = kt(0 \leqslant t \leqslant 2\pi)$

线密度：$\rho(x, y, z) = x^2 + y^2 + z^2$

试求：旋转楼梯扶手的质量。

二、讲授新课------35 min

1. 简化问题：平面曲线形构件的质量

【PPT 课件演示】

平面曲线的方程：$x = \varphi(t)$，$y = \psi(t)$（$\alpha \leqslant t \leqslant \beta$）

线密度：$\rho = \rho(x, y)$

构件均匀（线密度是常数）质量=线密度 × 曲线长度

构件不均匀质量=?

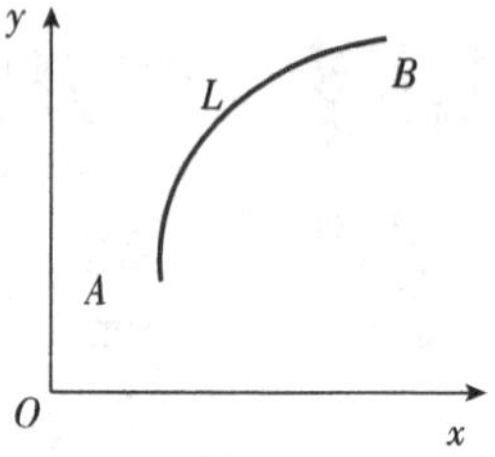

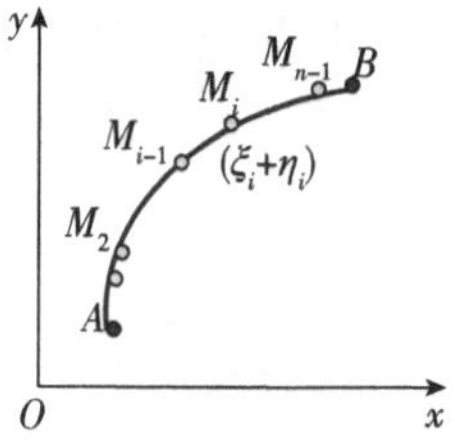

（1）分割

用 M_1，M_2，…，M_{n-1} 将 L 分割成 n 个小段

（2）近似代替

$$\Delta m_i \approx \rho(\xi_i, \eta_i) \cdot \Delta s_i$$

（3）求和

$$m = \sum_{i=1}^{n} \Delta m_i \approx \sum_{i=1}^{n} \rho(\xi_i, \eta_i) \Delta s_i$$

（4）取极限

$m = \lim\limits_{\lambda \to 0} \rho(\xi_i, \eta_i) \Delta s_i$（$\lambda$ 表示 n 个小弧段的最大长度）

2. 对弧长的曲线积分的定义

【PPT 课件演示】

定义： 设 L 为 xOy 面内的一条光滑曲线，设函数 $f(x, y)$ 在 L 上有界。

分割　在 L 上任意插入一点列 M_1，M_2，…，M_{n-1} 把 L 分成 n 个小段

近似替代　设第 i 个小段的长度为 Δs_i，(ξ_i, η_i) 为第 i 个小段上任意取定的一点，作乘积 $f(\xi_i, \eta_i)\cdot\Delta s_i$

求和　并作和 $f(\xi_i, \eta_i)\cdot\Delta s_i$

取极限　如果当各小弧段的长度的最大值 $\lambda\to 0$ 时，这和的极限总存在，$\lim\limits_{\lambda\to 0}\sum\limits_{i=1}^{n}\lim\limits_{\lambda\to 0}f(\xi_i, \eta_i)\cdot\Delta s_i$ 则称此极限为函数 $f(x, y)$ 在曲线弧 L 上对弧长的曲线积分

或第一类曲线积分。

记作　$\int_L f(x, y)\,\mathrm{d}s = \lim\limits_{\lambda\to 0}\sum\limits_{i=1}^{n}f(\xi_i, \eta_i)\Delta s_i$

$$m = \lim_{\lambda\to 0}\sum_{i=1}^{n}\rho(\xi_i, \eta_i)\cdot\Delta s_i = \int_L \rho(x, y)\,\mathrm{d}s$$

上述定义可以推广到空间曲线的情形：$\int_\Gamma f(x, y, z)\,\mathrm{d}s = \lim\limits_{\lambda\to 0}\sum\limits_{i=1}^{n}f(\xi_i, \eta_i, \zeta_i)\Delta s_i$

3. 对弧长的曲线积分的计算

设 $f(x, y)$ 在曲线弧 L 上有定义且连续，L 的参数方程为

$$\begin{cases}x = \varphi(t)\\ y = \psi(t)\end{cases}\quad(\alpha\leqslant t\leqslant\beta)$$

则 $\mathrm{d}s = \sqrt{(\mathrm{d}x)^2 + (\mathrm{d}y)^2}$

$$= \sqrt{[\varphi'(t)\mathrm{d}t]^2 + [\psi'(t)\mathrm{d}t]^2}$$

$$= \sqrt{\varphi'^2(t) + \psi'^2(t)}\,\mathrm{d}t$$

定理　设 $f(x, y)$ 在曲线弧 L 上有定义且连续，L 的参数方程为

$$\begin{cases}x = \varphi(t)\\ y = \psi(t)\end{cases}\quad(\alpha\leqslant t\leqslant\beta)$$

若 $\varphi(t)$、$\psi(t)$ 在 $[\alpha, \beta]$ 上具有一阶连续导数，且 $\varphi'^2(t) + \psi'^2(t) \neq 0$，

则曲线积分 $\int_L f(x, y)\mathrm{d}s$ 存在，

且 $$\int_L f(x, y)\mathrm{d}s = \int_\alpha^\beta f[\varphi(t), \psi(t)]\sqrt{\varphi'^2(t) + \psi'^2(t)}\,\mathrm{d}t$$

上述定理可以推广到空间曲线的情形：

$$\int_\Gamma f(x, y, z)\mathrm{d}s = \int_\alpha^\beta f[\varphi(t), \psi(t), \omega(t)]\sqrt{\varphi'^2(t) + \psi'^2(t) + \omega'^2(t)}\,\mathrm{d}t(\alpha < \beta)$$

4. 解决问题——旋转楼梯扶手的质量

【PPT 课件演示】

旋转楼梯扶手的方程：$x = a\cos t$，$y = a\sin t$，$z = kt(0 \leqslant t \leqslant 2\pi)$

线密度：$\rho(x, y, z) = x^2 + y^2 + z^2$

$$\begin{aligned} m &= \lim_{\lambda\to 0}\sum_{i=1}^{n}\rho(\xi_i, \eta_i, \zeta_i)\Delta s_i \\ &= \int_\Gamma \rho(x, y, z)\mathrm{d}s \\ &= \int_\Gamma (x^2 + y^2 + z^2)\mathrm{d}s \\ &= \int_0^{2\pi}[(a\cos t)^2 + (a\sin t)^2 + (kt)^2]\sqrt{[(a\cos t)']^2 + [(a\sin t)']^2 + [(kt)']^2}\,\mathrm{d}t \\ &= \int_0^{2\pi}(a^2 + k^2t^2)\sqrt{a^2 + k^2}\,\mathrm{d}t \\ &= \sqrt{a^2 + k^2}\left(a^2 t + \frac{k^2}{3}t^3\right)\Big|_0^{2\pi} \\ &= \pi\sqrt{a^2 + k^2}\left(2a^2 + \frac{8}{3}\pi^2k^2\right) \end{aligned}$$

三、课程思政--2 min

中国著名数学家，中国科学院院士：华罗庚。

他曾说道："宇宙之大，粒子之微，火箭之速，化工之巧，地球之变，生物之谜，日用之繁，无处不用数学！"

用我国数学家的事迹和成就激励学生认真学习数学知识，并能用数学知识解决更多的实际问题！

四、课堂小结--2 min

1. 情境引入；
2. 对弧长的曲线积分的定义；
3. 对弧长曲线积分的计算；
4. 解决实际问题。

五、课后思考与作业布置------------------------------------2 min

螺旋形弹簧的方程：$x = a\cos t$，$y = a\sin t$，$z = kt(0 \leqslant t \leqslant 2\pi)$

线密度：$\rho(x, y, z) = x^2 + y^2 + z^2$

试求：螺旋形弹簧关于 Z 轴的转动惯量 I_z，螺旋形弹簧的质心。

六、学生补充笔记与讨论、教师答疑--------------------2 min

第十章　无穷级数教学设计案例

“常数项无穷级数”教学设计

授课题目：常数项无穷级数

授课时数：45 min（1 学时）

教学课型：理论课

所属学科：数学

教　　材：同济大学数学系编，《高等数学》，高等教育出版社，2014 年 7 月

授课对象：非数学专业大学一年级本科生

一、内容分析

“常数项无穷级数”是第十二章“无穷级数”第一节中的内容，其中常数项无穷级数的概念、常数项无穷级数收敛的判定和常数项无穷级数的前 n 项部分和的计算、前 n 项部分和数列极限的计算是本节的重点和难点。无穷级数是高等数学的一个重要组成部分，它是表示函数、研究函数的性质以及进行数值计算的一种工具。常数项无穷级数是一种特殊的无穷级数，我们从特殊再到一般，常数项无穷级数在这一章的地位非常重要，在高等数学中的地位也非常重要，因此，学好常数项无穷级数是很有必要的。

二、学情分析

学生在高中阶段没有接触过常数项无穷级数，只是学习了一些数列的知识，这些数列的知识对于理解常数项无穷级数的一般项和计算常数项无穷级数的和是很有帮助的。在现实生产生活中，许多问题又与常数项无穷级数有

关，因此，常数项无穷级数是高等数学必须掌握的知识。

三、教学目标

［知识目标］1. 掌握常数项无穷级数的概念；
2. 深刻理解常数项无穷级数收敛的判定；
3. 掌握常数项无穷级数的前 n 项部分和的计算；
4. 掌握前 n 项部分和数列极限的计算。

［能力目标］通过对常数项无穷级数问题的分析，培养学生运用形象思维和逻辑思维分析和解决问题的能力，并且，提高学生运用数学方法解决实际问题的能力。

［情感目标］将常数项无穷级数问题和现实中的问题联系起来，让学生感受数学的直观性，领略数学的应用价值，提高学习高等数学的兴趣。

四、教学重点与难点

1. 教学重点

（1）常数项无穷级数的概念；

（2）常数项无穷级数收敛的判定。

2. 教学难点

（1）常数项无穷级数的前 n 项部分和的计算；

（2）前 n 项部分和数列极限的计算。

五、教学方法

1. 综合运用讲授法、探究法、问题教学法激发学生学习兴趣。

2. 任务驱动式教学：以完成“任务”为线索，引导学生自主思考，从而寻得解决问题的方法。

3. 研讨式教学：将学生分成几个小组，各小组对教师的提问进行讨论，在教师的引导下，各小组再互相交流，从而得出最优的解决方案。

4. 启发式教学：启发学生分析问题，联系数学知识解决实际问题。

六、教学手段

1. 多媒体辅助教学：借助多媒体信息技术，加入丰富的视频、动画，使数学教学更直观、更生动，从而激发学生学习数学的兴趣。

2. 信息化教学：借助信息化教学平台——学习通，向学生发送学习资料、进行问题探讨、回答学生问题、统计回答问题情况、在线批改作业等。

3. 实物演示教学：演示实物或自制的教学模型，帮助学生理解数学问题。

七、教学过程

教学环节	教师活动	学生活动	设计意图	时间
导入新课	情境引入 【研讨问题】阿基里斯能否追上乌龟？ 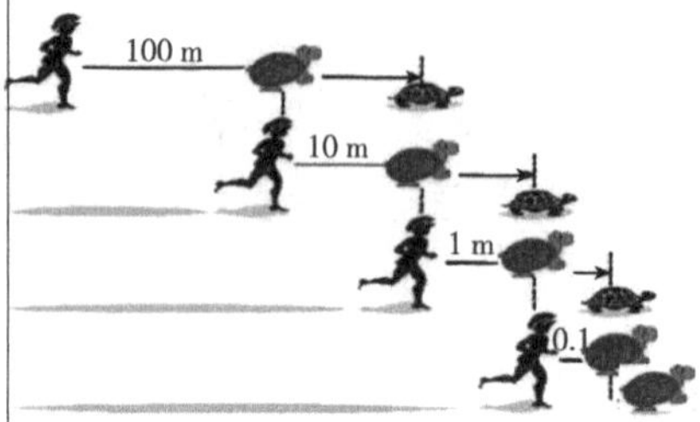 芝诺认为：阿基里斯永远追不上乌龟！ 阿基里斯要追赶乌龟的全部路程为： $100+10+1+0.1+\cdots$ 提出问题：无限段路程的和可能有限吗？	体会教师所介绍的素材，积极展开思考，学生在教师的引导、启发下探究问题，分组研讨	激发学生探究实际问题，感受数学在现实中的应用	2 min
教学过程	常数项无穷级数的概念 **定义**　一般地，如果给定一个数列 $u_1, u_2, u_3, \cdots, u_n, \cdots$ 那么由这个数列构成的表达式 $u_1+u_2+u_3+\cdots, u_n+\cdots$ 叫作常数项无穷级数，简称（常数项）级数	通过观察，区别两种极值问题，找出不同点	让学生善于发现实际中的各种问题，并把它们进行相应的分类	35 min

续表

教学环节	教师活动	学生活动	设计意图	时间
教学过程	常数项无穷级数的部分和 前 n 项部分和 $S_n = u_1 + u_2 + \cdots + u_n = \sum_{i=1}^{n} u_i$ 数列 $\{S_n\}$ 称为级数的部分和数列	学生在教师引导、启发下，思考条件极值问题的解法	一个问题的解决，可能有多种方法，因此，要学生自己尝试，发现不同方法的难易，从而拟订解决方案	35 min
	常数项级数收敛与级数的和 （1）部分和数列有极限 S $\lim_{n\to\infty} S_n = S$ 称级数 $\sum_{i=1}^{\infty} u_i$ 收敛 （2）部分和数列没有极限， 称级数 $\sum_{i=1}^{\infty} u_i$ 发散	认真思考、仔细观察，拉格朗日函数的构造过程	使学生运用前面的知识，理解拉格朗日乘数法和拉格朗日函数的结构	
	【解决问题】阿基里斯能否追上乌龟? 阿基里斯要追赶乌龟的全部路程为 100+10+1+0.1+… 等比级数 $100+100\times\left(\frac{1}{10}\right)^1+100\times\left(\frac{1}{10}\right)^2+100\times\left(\frac{1}{10}\right)^3+\cdots$ $a=100\quad q=\frac{1}{10}<1$　收敛 收敛于和 $S=\frac{100}{1-\frac{1}{10}}=\frac{1000}{9}$ 【结论】无限段路程的和可能有限，阿基里斯在跑完 $\frac{1000}{9}$ m 时追上了乌龟!	学生在教师的引导下，用拉格朗日乘数法解决前面提出的问题	激发学生探求未知的热情，鼓励学生自己找出研究结果	
小结	1. 情境引入 2. 常数项无穷级数的概念 3. 常数项级数的部分和 4. 常数项级数收敛与级数的和	学生积极参与课堂小结	帮助学生梳理知识点，更好地理清思路，从而掌握本次课的重点和难点	2 min

续表

教学环节	教师活动	学生活动	设计意图	时间
思考题与作业	建桥费用问题： 建造一座钢桥费用为 380 000 元，每隔 10 年需油漆一次，每次费用 4 000 元，桥的期望寿命为 40 年。 建造一座木桥费用为 200 000 元，每隔 2 年需油漆一次，每次费用 2 000 元，桥的期望寿命为 15 年。 已知贴现率 10%，建桥费中不包括油漆费，请问哪一种更经济呢？ 	巩固所学知识	检验课堂学习效果，培养学生自主学习和探究创新的能力	2 min
课程思政	世界著名数学家、物理学家：牛顿 他和莱布尼茨先后独立发现了微积分。 他曾说道：“没有大胆的猜想，就做不出伟大的发现！”	倾听世界著名数学家、物理学家的事迹、成就，感受他们勇于探索、大胆创新的精神	用世界著名数学家、物理学家的事迹和成就激励学生勇于创新、敢于拼搏，让未知变已知，发现更多的奥秘	2 min
答疑讨论	教师答疑	学生补充笔记，师生互相讨论	对所学内容做进一步的思考，探讨知识点，让学生在课堂上更好地理解数学概念	2 min

八、参考资料

[1] 同济大学数学系．高等数学[M]．北京：高等教育出版社，2014：251-258.

[2] 黄立宏．高等数学[M]．北京：北京大学出版社，2018：186-193.

[3] 李建平，曹定华．微积分[M]．上海：复旦大学出版社，2015：256-261.

[4] 辛春元．无穷级数在经济学中的应用[J]．邢台学院学报，2015，12（4）：157-159.

［5］王磊．调和级数的应用［J］．林区教学，2014，9：87-88.
［6］吕佳航．级数理论在金融资产定价中的应用及实证［J］．现代商业，2018，11：130-134.

九、教学反思

下面从教学设计、教学方式、存在问题3个方面对这节课进行反思，并提出改进措施。

（一）教学设计反思

“常数项无穷级数”这节课以任务驱动式教学设计为主。

1. 创设情境：通过阿基里斯追乌龟的问题引入，激发学生的学习兴趣。

2. 确定问题：在创设的情境下，提出无限段路程的和可能有限吗？

3. 自主学习、协作学习：让学生自主探索，鼓励学生相互讨论，在讨论的过程中激发出解决问题的方案。

在教学设计方面，这节课做得比较好，整条教学主线清晰，学生容易掌握主要信息。

（二）教学方式反思

1. 研讨式教学：将学生分成几个小组，各小组进行讨论、交流，培养了学生主动学习的能力。

2. 启发式教学：由阿基里斯追赶乌龟所要经过的路程的计算，启发学生提出新的概念——常数项无穷级数。

3. 信息化教学：借助信息化教学平台——学习通，向学生发送学习资料、进行问题探讨。

4. 多媒体演示教学：借助多媒体技术，将阿基里斯追赶乌龟的过程体现出来，激发了学生的学习兴趣；将数学步骤根据思维过程，一步一步展现出来，以便于学生理解。

（三）存在问题反思

1. 与常数项无穷级数相关的实际问题的挖掘还不够。

2. 课前准备资料的发放还不够。

3. 研讨式教学的深度不够：部分学生在研讨过程中找准了答案，但是还有不少学生是人云亦云，是否真的理解了问题的实质不得而知。

（四）改进措施

1. 加强与其他学科的融合，了解更多的学科知识。

2. 增加参考资料的数量，加强课前准备工作。

3. 建立研讨式教学的评价模式，促使学生真正参与到研讨式教学中。

通过这次课堂教学反思，在今后的教学中，要改进不足之处，争取更好的教学效果！

附：

教学内容

一、情境引入--2 min

研讨问题——阿基里斯能否追上乌龟？

【PPT 实物演示】

阿基里斯：古希腊神话中善跑的英雄

乌龟

芝诺，古希腊数学家、哲学家。一共推出了 40 个各不相同的悖论——以芝诺悖论著称。

芝诺（约前 490 年—前 425 年）

研讨问题：阿基里斯能否追上乌龟？$V_{阿} = 10V_{乌}$

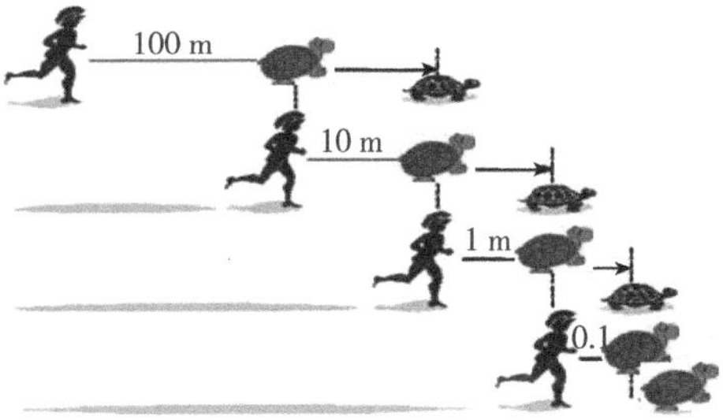

芝诺：阿基里斯永远追不上乌龟！

【提出问题】无限段路程的和可能有限吗？

阿基里斯要追赶乌龟的全部路程为 100+10+1+0.1+…

二、讲授新课------35 min

1. 常数项无穷级数的概念

定义　一般地，如果给定一个数列

$$u_1,\ u_2,\ u_3,\ \cdots,\ u_n,\ \cdots$$

那么由这个数列构成的表达式

$$u_1 + u_2 + u_3 + \cdots + u_n + \cdots$$

叫作常数项无穷级数，简称（常数项）级数

记作 $\sum\limits_{i=1}^{\infty} u_i$，即 $\sum\limits_{i=1}^{\infty} u_i = u_1 + u_2 + u_3 + \cdots + u_n + \cdots$

2. 常数项无穷级数的部分和

【PPT 课件演示】

定义 对于（常数项）级数 $\sum_{i=1}^{\infty} u_i$，作

$$S_1 = u_1$$

$$S_2 = u_1 + u_2$$

$$S_3 = u_1 + u_2 + u_3$$

前 n 项部分和 $S_n = u_1 + u_2 + \cdots + u_n = \sum_{i=1}^{n} u_i$

数列 $\{S_n\}$ 称为级数的部分和数列

3. 常数项级数收敛与级数的和

【PPT 课件演示】

定义 如果级数 $\sum_{i=1}^{\infty} u_i$ 的部分和数列 $\{S_n\}$ 有极限 S，即

$\lim\limits_{n\to\infty} S_n = S$ 级数的和

则称级数 $\sum_{i=1}^{\infty} u_i$ 收敛。

记作 $S = u_1 + u_2 + u_3 + \cdots + u_n + \cdots$

如果部分和数列 $\{S_n\}$ 没有极限，则称级数 $\sum_{i=1}^{\infty} u_i$ 发散。

例 1：判定无穷级数 $\frac{1}{1\cdot 2} + \frac{1}{2\cdot 3} + \frac{1}{3\cdot 4} + \cdots + \frac{1}{n(n+1)} + \cdots$ 的收敛性。

解：由于

$$u_n = \frac{1}{n(n+1)} = \frac{1}{n} - \frac{1}{n+1}$$

因此

$$S_n = \frac{1}{1\cdot 2} + \frac{1}{2\cdot 3} + \frac{1}{3\cdot 4} + \cdots + \frac{1}{n(n+1)}$$

$$= \left(\frac{1}{1} - \frac{1}{2}\right) + \left(\frac{1}{2} - \frac{1}{3}\right) + \cdots + \left(\frac{1}{n} - \frac{1}{n+1}\right) = 1 - \frac{1}{n+1}$$

从而

$$\lim_{n\to\infty} S_n = \lim_{n\to\infty}\left(1 - \frac{1}{n+1}\right) = 1$$

所以此级数收敛，和为 1。

例 2：判定无穷级数 $1+2+3+\cdots+n+\cdots$ 的收敛性。

解：由于 $u_n=n$

因此 $S_n=1+2+3+\cdots+n=\dfrac{n(n+1)}{2}$

从而 $\lim\limits_{n\to\infty}S_n=\lim\limits_{n\to\infty}\dfrac{n(n+1)}{2}=\infty$

所以此级数发散。

例 3：无穷级数 $\sum\limits_{i=0}^{\infty}aq^i=a+aq+aq^2+\cdots+aq^i+\cdots(a\neq0)$ 叫作等比级数（几何级数），试讨论该级数的收敛性。

解：如果 $|q|\neq1$

那么 $S_n=a+aq+aq^2+\cdots+aq^{n-1}=\dfrac{a(1-q^n)}{1-q}$

当 $|q|<1$ 时，$\lim\limits_{n\to\infty}S_n=\dfrac{a}{1-q}$ 级数收敛，其和为 $\dfrac{a}{1-q}$。

当 $|q|>1$ 时，$\lim\limits_{n\to\infty}S_n=\infty$ 级数发散。

如果 $|q|=1$

当 $q=1$ 时，$S_n=a+a+\cdots+a=na$

$\lim\limits_{n\to\infty}S_n=\infty$　　级数发散

当 $q=-1$ 时，$S_{2k}=a-a+a-a+\cdots+a-a=0$

$S_{2k+1}=a-a+a-a+\cdots+a-a+a=a$

$\lim\limits_{n\to\infty}S_n$　　不存在，级数发散。

等比级数（几何级数）$\sum\limits_{i=0}^{\infty}aq^i=a+aq+aq^2+\cdots+aq^i+\cdots(a\neq0)$

（1）当 $|q|<1$ 时，级数收敛，其和为 $\dfrac{a}{1-q}$；

（2）当 $|q|\geqslant1$ 时，级数发散。

4. 解决问题——阿基里斯能否追上乌龟？

【PPT 课件演示】

阿基里斯要追赶乌龟的全部路程为 100+10+1+0.1+⋯

等比级数 $100+100\times\left(\frac{1}{10}\right)^1+100\times\left(\frac{1}{10}\right)^2+100\times\left(\frac{1}{10}\right)^3+\cdots$ 收敛

$a=100$ $\qquad$ $q=\frac{1}{10}<1$

收敛于和 $S=\dfrac{100}{1-\frac{1}{10}}=\dfrac{1\ 000}{9}$

【结论】无限段路程的和可能有限，阿基里斯在跑完 $\frac{1\ 000}{9}$ m 时追上了乌龟！

三、课堂小结--------------------2 min

1. 情境引入；
2. 常数项无穷级数的概念；
3. 常数项级数的部分和；
4. 常数项级数收敛与级数的和。

四、课后思考与作业布置--------------------2 min

建桥费用问题：

建造一座钢桥费用为380 000元，每隔10年需油漆一次，每次费用4 000元，桥的期望寿命为40年。

建造一座木桥费用为200 000元，每隔2年需油漆一次，每次费用2 000元，桥的期望寿命为15年。

已知贴现率10%，建桥费中不包括油漆费，请问哪一种更经济呢？

五、课程思政------2 min

世界著名数学家、物理学家：牛顿。

他和莱布尼茨先后独立发现了微积分。

他曾说道："没有大胆的猜想，就做不出伟大的发现！"

用世界著名数学家、物理学家的事迹和成就激励学生勇于创新、敢于拼搏，让未知变已知，发现更多的奥秘！

六、学生补充笔记与讨论、教师答疑------2 min